しくみ図解

ものづくりの化学が一番わかる

身近な工業製品から化学がわかる

左巻健男 編著

技術評論社

まえがき

　本書の読者としては、次のような人々を想定しています。

・身の回りのさまざまな製品の化学的なしくみを知りたい人
・化学に関連したものづくりの世界の概観とその化学の基礎を知りたい人
・化学に関連したものづくり企業で製品の営業をしている人
・化学に関連したものづくり企業に就職を目指している人

　私たちの身の回りにある製品づくり（ものづくり）の化学に的をしぼって、わかりやすく、しくみ図解をメインに展開しました。
　世の中には「化学の基礎」など入門化学の本はたくさん発行されていますが、ものづくり企業がつくっている製品の化学のしくみに特化した入門書はほとんどないと思いました。
　ものづくりは、そのものをつくる材料を得ることから始まります。そこで第一章は金属やプラスチックなど材料についての化学のしくみをまとめました。
　その上で、食べ物関連、医療関連というもっとも身近なものの化学を、そして情報やエネルギー、環境対策にかかわる化学を展開していく構成にしました。
　私たちは、さまざまな製品（もの）に囲まれて便利でゆたかな生活ができています。それらのもののしくみを知ることは世の中の動きを知ることの一つだと思います。執筆者も学びながら執筆しました。
　生活や産業、ビジネスにかかわる広大な化学の世界を見るのに本書が役立てば幸いと思います。
　最後に、わかりやすい誌面構成などの編集をしていただいた技術評論社書籍編集部冨田裕一さんと渡辺陽子さんに感謝申し上げます。

2013年1月末日　編著者　左巻　健男

ものづくりの化学が一番わかる 目次

はじめに……… 3

第1章 金属材料の化学 ……… 11

- 1-1 金属とは何か ……… 12
- 1-2 身のまわりの金属 ……… 17
- 1-3 合金 ……… 22
- 1-4 めっき ……… 24
- 1-5 金属資源と製錬・精錬 ……… 27
- 1-6 鉄鉱石から鉄へ ……… 32
- 1-7 鉄のいろいろ(鋳鉄、鋼鉄など)……… 34
- 1-8 さびにくいステンレス鋼 ……… 37
- 1-9 銅鉱石から銅へ ……… 39
- 1-10 ボーキサイトからアルミニウム ……… 41
- 1-11 ジュラルミン ……… 43
- 1-12 マグネシウム ……… 45
- 1-13 チタン ……… 47
- 1-14 貴金属 ──金と白金 ……… 49

CONTENTS

1-15　半導体･･･････52
1-16　レアメタル･･･････54
1-17　金属ビジネス･･･････56

第2章　高分子・プラスチック材料、セラミックスの化学
･･･････61

2-1　多数の原子が結合した巨大分子　─高分子─･･･････62
2-2　熱可塑性樹脂と熱硬化性樹脂･･･････65
2-3　主な有機高分子･･･････67
2-4　主な合成繊維(1)･･･････70
2-5　主な合成繊維(2)･･･････72
2-6　天然ゴムと合成ゴム･･･････74
2-7　ケイ素樹脂（シリコーン樹脂）･･･････77
2-8　フッ素樹脂･･･････79
2-9　高吸水性高分子･･･････82
2-10　鉄より強い高分子材料･･･････84
2-11　光に感ずる高分子材料･･･････86

CONTENTS

2-12　石油の化学(1)　—石油の成分—　………88
2-13　石油の化学(2)　—クラッキングとリホーミング—　………90
2-14　強さが魅力の複合材料　………92
2-15　セラミックスとファインセラミックス　………94
2-16　電流を流すセラミックス　—エレクトロセラミックス—　………96
2-17　いろいろなガラス　………98
2-18　木材と紙の化学　………100

第3章　食品・農業の化学　………105

3-1　植物と光合成の化学（植物工場）　………106
3-2　食品工場の衛生管理　………109
3-3　糖　………111
3-4　脂肪　………113
3-5　アミノ酸とタンパク質　………115
3-6　ビタミンとミネラル　………117
3-7　発酵技術（酵素の力）　………119
3-8　乾燥技術　………121

しくみ図解 ものづくりの化学が一番わかる 目次

- 3-9　抽出の技術 ……… 123
- 3-10　腐敗と防腐剤 ……… 125
- 3-11　食品添加物(1)　―工夫― ……… 127
- 3-12　食品添加物(2)　―天然由来― ……… 129
- 3-13　うまみ調味料の化学 ……… 131
- 3-14　機能性食品とは？ ……… 133
- 3-15　遺伝子組換え食品の化学 ……… 135
- 3-16　農薬 ……… 137
- 3-17　農薬の安全性 ……… 139
- 3-18　肥料の化学 ……… 141

第4章　日用品・建材の化学 ……… 145

- 4-1　歯磨き粉 ……… 146
- 4-2　コンタクトレンズ ……… 148
- 4-3　スキンケアの化学 ……… 150
- 4-4　ヘアケアの化学 ……… 152
- 4-5　においの化学 ……… 154

ものづくりの化学が一番わかる
目次

- 4-6　クリーニングの化学（洗剤）……… 156
- 4-7　クリーニングの化学（洗浄剤）……… 158
- 4-8　殺虫剤 ……… 160
- 4-9　セメントとコンクリート ……… 162
- 4-10　染料と顔料 ……… 164
- 4-11　難燃剤 ……… 166
- 4-12　シックハウス ……… 168
- 4-13　アスベスト ……… 170

第5章　燃料・エネルギーと環境対策の化学 ……… 173

- 5-1　燃料1（石油）……… 174
- 5-2　燃料2（天然ガス）……… 176
- 5-3　燃料3（石炭）……… 178
- 5-4　石炭から石油へ──エネルギー革命 ……… 180
- 5-5　石油はいつまで使えるのか ……… 182
- 5-6　バイオエタノール／バイオマスエタノール ……… 184
- 5-7　いろいろな電池 ……… 186

CONTENTS

5-8　燃料電池･･･････190
5-9　省エネの技術（ヒートポンプ）･･･････194
5-10　光触媒･･･････196
5-11　リサイクルのしくみ･･･････198
5-12　フロン⑴　―夢の物質から魔の物質へ―･･･････202
5-13　フロン⑵　―代替フロン―･･･････205
5-14　環境にやさしい「エコ素材」･･･････206
5-15　バイオレメディエーション･･･････208
5-16　バイオハザード･･･････211
5-17　水質浄化･･･････214
5-18　PCBとダイオキシン･･･････216
5-19　大気汚染対策･･･････218
5-20　エコカーのしくみ（電気自動車・ハイブリッドカー）･･･････220
5-21　期待される次世代エネルギー･･･････222

索引･･･････226

第1章

金属材料の化学

　材料は、物を製造するとき、もととして用いる物で原料を含みます。材料の中で石材・木材・紙・竹・皮革などの天然のもの以外には、古来から金属材料が使われてきました。材料の世界を考えるときに、金属材料はもっとも重要な材料といえるでしょう。現代は鉄器時代の延長線上にあり、鋼を中心に、非鉄金属・軽金属など多種多様な金属が使われています。また、2種類以上の金属の合金も多種多様あります。ここでは金属材料や金属に関わるビジネスの世界をみていきましょう。

1-1 金属とは何か

●石器時代→青銅器時代→鉄器時代

　歴史を、石器時代、青銅器時代、鉄器時代と、その時代に道具をつくるのに使った材料の名前で呼ぶ時代区分があります。

　人間が最初に道具をつくるために使用した金属は、金属の形で産出した自然金・自然銀・自然銅と宇宙からきた隕鉄でした。それらの固まりをたたいて変形させて、装飾品や道具などをつくったことでしょう。

　さらに、鉱石から金属を還元して得ることで、青銅器や鉄器をつくるようになりました（図1-1-1）。

　多くの場合、金属は酸素の化合物（酸化物）や硫黄との化合物（硫化物）の形で産出しています。これらの化合物の結合が強いほど、鉱物から取り出すのが難しくなります。金・銀・銅・鉄に続いて鉛・スズ、さらに時代が進んで亜鉛、さらに近世になってアルミニウムが取り出せるようになったのは、この結合力の強弱によります（表1-1-1）。

●現代は鋼をメインに、多種多様な金属が材料に使われている時代

　現代は、鉄器時代の延長線上にあり、鋼を中心とした鉄の時代です。鉄と炭素が合わさった鋼は、青銅よりも硬くて強く、道具、武器や建築の材料になりました。

　しかし、主役は鋼であっても、金属材料としてアルミニウムやマグネシウム、チタンなどの軽金属の使用も増えています。多少、影が薄くなったとはいえ、銅もまだ活躍しています。

　その他、貴金属として金や銀など、また、ニッケル、クロム、タングステン、モリブデン、コバルト、マンガン、バナジウムなどのレアメタルとよばれる金属も使われています。

　新しい材料として非金属ですがプラスチックの利用も増え、金属材料や炭素繊維との複合材料も増えています。

図1-1-1　金属利用の歴史

（1-1）ツタンカーメンの黄金
マスク（紀元前14世紀頃）
(photo by MykReeve)

（1-3）鉄剣
(photo by Rama)

（1-4）鎧
(photo by Rama)

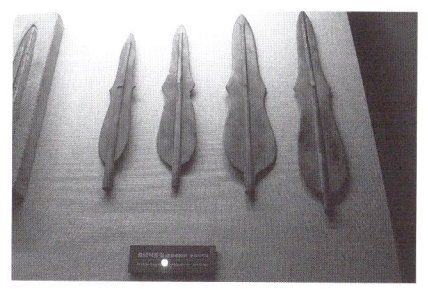

（1-2）銅剣（青銅：紀元前9世紀頃）
(photo by Kai hendry)

（1-5）ジェット機（アルミニウム合金）
(photo by moonm)

●金属の三大特徴

　周期表に並んでいる約100種類の元素は、大きく金属元素と非金属元素に分けることができます。金属元素は、約100種類の元素のうち、約8割をしめます。

　金属元素の原子はたくさん集まると金属という物質になります。1種類の金属元素だけからできている金属の単体だけでも約80種類あることになります。

表 1-1-1　金属発見の歴史

年代	発見された金属
太古	金 Au, 銅 Cu, 銀 Ag, スズ Sn, 鉛 Pb, 鉄 Fe, 水銀 Hg
錬金術時代	亜鉛 Zn, ビスマス Bi, アンチモン Sb
1700年代	コバルト Co（1735年）, 白金 Pt（1748年）, ニッケル Ni（1751年）, マンガン Mn（1774）, モリブデン Mo（1778）, タングステン W（1783）, ジルコニウム Zr（1789）, ウラン U（1789）, チタン Ti（1791）, イットリウム Y（1794）, クロム Cr（1797）, ベリリウム Be（1798）
1800年代	バナジウム V（1801）, ニオブ Nb（1801）, タンタル Ta（1802）, ロジウム Rh（1803）, パラジウム Pd（1803）, セリウム Ce（1803）, オスミウム Os（1803）, イリジウム Ir（1803）, カリウム K（1807）, ナトリウム Na（1807）, マグネシウム Mg（1808）, カルシウム Ca（1808）, ストロンチウム Sr（1808）, バリウム Ba（1808）, リチウム Li（1817）, カドミウム Cd（1817）, アルミニウム Al（1825）, トリウム Th（1828）, ランタン La（1839）, エルビウム Er（1843）, テルビウム Tb（1843）, ルテニウム Ru（1845）, セシウム Cs（1860）, ルビジウム Rb（1861）, タリウム Tl（1861）, インジウム In（1863）, ガリウム Ga（1875）, イッテルビウム Yb（1878）, スカンジウム Sc（1879）, サマリウム Sm（1879）, ホルミウム Ho（1879）, ツリウム Tm（1879）, ガドリニウム Gd（1880）, プラセオジウム Pr（1885）, ネオジウム Nd（1885）, ゲルマニウム Ge（1886）, ジスプロジウム Dy（1886）, ポロニウム Po（1898）, ラジウム Ra（1898）, アクチニウム Ac（1899）
1900年代	エルビウム Eu（1901）, ルテチウム Lu（1907）, プロトアクチニウム Pa（1918）, ハフニウム Hf（1923）, レニウム Re（1925）, テクネチウム Tc（1937）, フランシウム Fr（1939）, ネプツニウム Np（1940）, プルトニウム Pu（1940）, キュリウム Cm（1944）, アメリシウム Am（1945）, プロメチウム Pm（1947）, バークリウム Bk（1949）, カリホルニウム Cf（1950）, アインスタイニウム Es（1953）, フェルミウム Fm（1953）, メンデレビウム Md（1955）, ノーベリウム No（1958）, ローレンシウム Lr（1961）

この金属という物質は、
①金属光沢（銀色や金色などの独特のつや）をもつ
②電気や熱を良く伝える
③たたけば広がり、引っぱれば延びる（展性・延性）
という3つの特徴をもっています。

だから、見ただけでも「これは金属だろう」とわかります。金属かどうか悩んだら、②や③の性質があるかどうか調べればいいのです。良電導性は、電池と豆電球でつくった簡単な道具で調べられます。展性・延性は、たたいても粉々にならないということです。金属光沢は、金属が光をほとんど反射してしまうので出てくる性質です。昔の鏡は、金属の表面をぴかぴかにみがいたものでした。現在の鏡もガラスと後ろの赤色などのもの（保護材）の間

図1-1-2　地殻の構成元素と元素の存在度

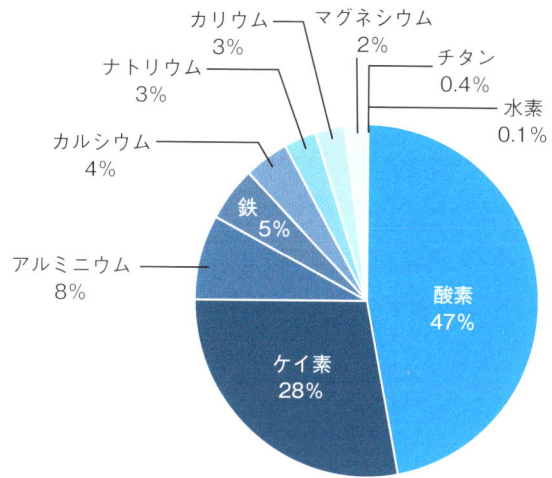

図1-1-3　周期表と金属元素

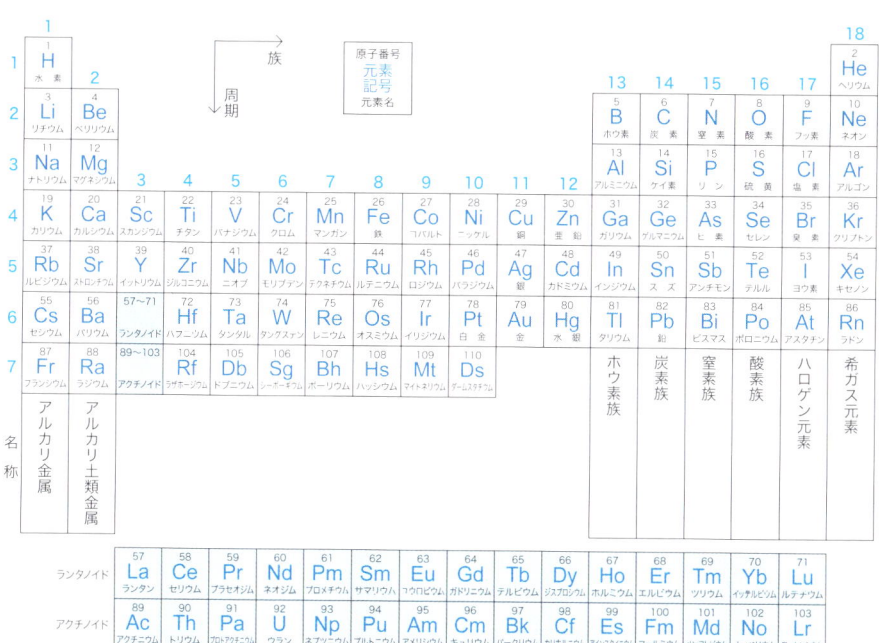

にとてもうすい金属の膜が張ってあります（ガラスに銀メッキしてあります）。現在の鏡も金属光沢を利用しているのです。昔の金属鏡では、表面が空気中に露出していたので、さびたりして表面がくもったりしました。今の鏡は、そんなことがほとんどありません。

●地球の地殻に多い金属は鉄とアルミニウム

　地球の地殻をつくっている元素は、わずか10種類の元素で99.15％をしめています。そのうち金属元素は24.71％で非金属元素は74.46％です。人間が利用しているたくさんの金属のうち、この10種の元素に入っていてよく利用しているのは鉄、アルミニウム、マグネシウムとチタンの4種類です（図1-1-2）。その4種類でとくによく利用しているのは鉄とアルミニウムの2種類です。

　5番目のカルシウム、6番目のナトリウム、7番目のカリウムは全部金属なのですが、自然界にはそれらの化合物として存在しています。単体は1種類の元素からできた物質、化合物とは2種類以上の元素が結びついてできている物質です。これらの元素は、化合物として他の元素と非常に強く結合しているので簡単に取り出すことができません。また、取り出したとしても、空気中の酸素や水とすぐに反応してしまいます。そのため、取り出したとしても材料としては使いづらいのです。

　「カルシウムは何色ですか？」と質問すると、「白色」と答える人がたくさんいますが、それはカルシウムだけのカルシウム単体（金属カルシウムともいいます）を目にすることが希で、いつもカルシウムの化合物を見ているからでしょう。炭酸カルシウム（石灰岩、卵の殻や貝殻の成分）、水酸化カルシウム（消石灰。この水溶液は石灰水）、酸化カルシウム（生石灰）などのカルシウムの化合物はみな白色ですが、カルシウム単体は銀色をしているのです。

　ナトリウムやカリウムも単体は銀色をしたやわらかい金属です。空気中の酸素や水と出あわないように灯油の中に保存します。水に投じると、激しく反応します。

1-2 身のまわりの金属

日常生活で使われている金属は鉄が圧倒的に多く、全金属の90％以上です。続いてアルミニウム、銅などの順になります。

●金属の分類

金属は、見方によっていろいろな分類ができます。

●鉄と非鉄金属

金属材料として、圧倒的に使われている鉄鋼を除いた金属を非鉄金属とい

図1-2-1　非鉄金属

鉛：
　ベースメタルは、銅、鉛、亜鉛、アルミニウムなどの金属のこと。比較的埋蔵量が多く、古くから電線や伸銅品、メッキ材料、合金材料などに幅広く利用されてきた。

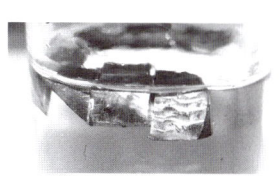

リチウム：
　レアメタルは、ニッケル、アンチモン、チタン、タングステン、リチウムなどの金属のこと。いずれも埋蔵量が少ない、あるいは埋蔵量が多くても技術的・経済的に高純度の鉱石を取り出しづらいなどの理由から、流通量が少なく、希少性が高い。しかし、わずかな量を加えるだけで素材の機能・性能を高められるという優れた特徴をもつことから、自動車やエレクトロニクス、航空・宇宙分野などの先端産業に用いられている。

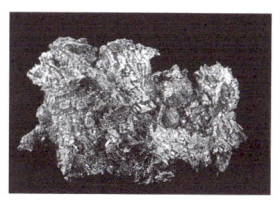

金：
　貴金属は、金、銀、白金（プラチナ）、パラジウムなどの金属のこと。宝飾用として利用されているほか、それぞれの物質特性を生かし工業用素材としても使われている。たとえば、金は半導体の配線材として、白金は自動車の排気ガスを浄化するための触媒として利用されている。

図1-2-2 鉄の用途（最古の鉄橋）

います。

非鉄金属は、埋蔵量が多く幅広く利用されるベースメタル（土台になっている金属）、埋蔵量が少なく希少性の高いレアメタル、宝飾用にも利用される貴金属、に分類されます。

● 貴金属と卑金属

空気中で簡単にさびる金属を卑金属、空気中でも安定で金属光沢を失わない金属を貴金属といいます。装飾用に用いられる金・白金・銀などは代表的な貴金属です。

● 軽金属と重金属

金属の軽い・重いの分類で、ふつう密度4ないし5 g/cm^{3}以下のものを軽金属といい、それより大きいものを重金属といいます。金属材料として利用されるほとんどのものが重金属です。鉄、クロム、ニッケル、銅、亜鉛、鉛、スズなどです。

軽金属ではアルミニウム、チタンやマグネシウムが多く使われています。

図1-2-3 銅の用途。ビール醸造タンク

● 鉄

鉄は、建築材料から、日用品にいたるまで、もっとも広く利用されている金属です。

鉄がすぐれた性質をもつ合金（2種類以上の金属を混ぜ合わせたもの）をつくることも、用途の広さの理由の一つです。炭素の含有率が0.04～1.7％のものを鋼といい、強じんで鉄骨やレールなどに用いられています。

● 銅

銅は、赤みをおびたやわらかい金属で、熱をよく伝え、電気をよく通します。このため

に、電線などの電気材料に広く用いられています。電線は銅の需要の約半分をしめています。

●アルミニウム

軽量で加工しやすく耐食性もあることから、車体の一部、建築物の一部、缶、パソコン・家電製品の筐体など、さまざまな用途に使われています。アルミニウムが耐食性をもつのは、空気中で表面が酸化されて、

図1-2-4　アルミニウムの用途。アルミフォイル

酸化アルミニウムの緻密な膜が内部を保護するからです。また、アルマイト加工で、この酸化皮膜を人工的に厚くつけて、さらに耐食性を高めている場合（鍋などの容器材料やアルミサッシなどの建築材料）もあります。

●亜鉛

鉄、アルミニウム、銅に次いで4番目に使われている金属です。

安価で高い防食機能を持つことから、めっきとして鉄の防食に使われます。トタン板は、鉄板に亜鉛をめっきしたものです。鉄よりも腐食されやすい亜鉛をめっきすることで、本体の鉄を保護します。

おもに自動車製造向けに使われますが、屋根ふき、といなどにも広く利用されています。また、マンガン乾電池、アルカリ乾電池などの負極の材料としても使われています。

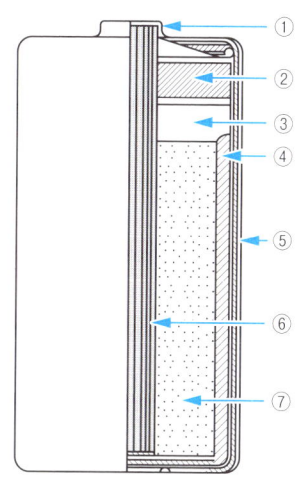

図1-2-5　亜鉛の用途。乾電池の負極は亜鉛でできている

（図の番号は、1.金属キャップ，2.プラスチックシール，3.展開スペース，4.多孔質炭素，5.亜鉛，6.炭素棒，7.化学混合物）

図1-2-6 鉛の用途。鉛蓄電池。正極は酸化鉛、負極は鉛でできている

図1-2-7 ニッケルの用途。ニッケル硬貨（5セント）。50円硬貨と100円硬貨は銅とニッケルの合金（白銅）でできている

●鉛

自動車などに積まれる鉛蓄電池に使われます。

●ニッケル

ステンレス鋼の材料に使われています。

鉄、ニッケル、クロムは強磁性（ふつうの磁石に付く性質）を持った金属です。

●チタン

軽くて、丈夫で、錆びにくく、肌に触れてもアレルギーを起こさない金属です。

薬品や海辺の塩分にも耐食性があるので、化学プラント、海水利用分野に使われています。ゴルフクラブ、メガネ、時計などにも。

●金、白金、銀

金は、展性、延性ともにきわめて大きく、通常の金箔で厚さ0.0001 mmとなり、また1 gの金を約3000mの針金とすることができます。電気、熱の良

図1-2-8 チタンの用途。時計

図1-2-9 金の用途。金メッキが施された端子

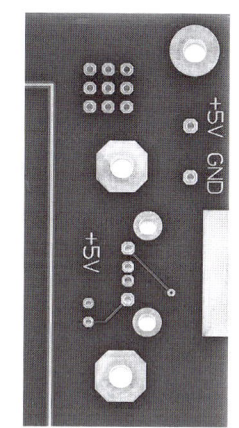

導体で、銀、銅に次ぎます。空気中、水中できわめて安定で、色調を変えることがありません。

多くの国で貨幣の基準として用いる特別な金属で、ほかに主として工芸品、装飾品などに、また歯科医療、万年筆のペン先、電子工業用などに使われています。

白金はプラチナともいいます。空気や水分に対してきわめて安定で、高温に熱しても変化せず、耐食性に富んでいます。細粉状または白金海綿として化学反応の触媒に用いられています。

銀は、熱をよく伝え、電気をよく通します。また、空気中で酸化されにくいので、貴金属として貨幣や装飾品、食器に用いられています。

空気中で簡単にさびる金属を卑金属、空気中でも安定で金属光沢を失わない金属を貴金属といいます。装飾用に用いられる金・白金・銀などは代表的な貴金属です。他に白金族元素のルテニウム、ロジウム、パラジウム、オスミウム、イリジウムも含みます。材料の分野では、金・銀・白金をはじめとする白金族元素、それらの合金をまとめて貴金属というのです。

金と白金（白金族元素）は、とくに空気中でも安定で金属光沢を失わない金属ですが、銀は硫黄とは比較的反応しやすく、硫黄と加熱したり硫化水素にふれたりすると、黒色の硫化銀ができます。

1-3 合金

●さびない鉄をつくる夢

　ある金属に、他の金属元素、あるいは炭素、ホウ素などの非金属元素を添加して、融かし合わせたものを合金といいます。

　合金の例として、ステンレス鋼を紹介しましょう。

　さびない鉄の製造は長い間人類の夢でした。その夢の実現が、19世紀の末につくられた特別な処理をしなくてもさびにくい金属「ステンレス鋼（ステンレススチール）」でした。ステンレス鋼は、鉄にクロムとニッケルを加えた合金です。ステンレス鋼がさびにくいのは、表面にできる酸化皮膜が内部を強く保護するからです。ステンレス鋼がさびにくいのは、非常に緻密な酸化皮膜、つまりさびで保護されているからです。

●新しい長所をもった金属材料をつくる

　合金にすると、融かし合わせたそれぞれの金属とはまったく異なった性質の金属が得られる場合があります。さびにくいものだけではなく、強靱なもの、加工しやすいもの、強い磁性をもったものなどの新しい長所をもった金属材料をつくり出すことができます。

　現在、市販されている磁石を、同じ質量のもので比べたときにもっとも磁性が強いのはネオジム磁石です。ネオジム磁石は、鉄、ネオジム、ホウ素の3種類からなる合金を材料にしています。

　日常生活で出会う金属製品には、1円硬貨のように純粋なアルミニウムからできているものもありますが、そのような純金属は例外的で、ほとんどは合金です。もっともたくさん使われている鉄も、純粋な鉄だと少しやわらかいのですが、わずかの炭素を添加したものに焼きを入れる（赤熱してから急冷する）ことで、強靱な鋼になります。

　古くは、青銅器時代の青銅も、銅にスズを混ぜると融ける温度が下がり、さらに銅だけよりもずっと強靱になり、道具や武器として使えるようになっ

図1-3-1　合金の硬貨

5円硬貨（黄銅貨）

500円硬貨（ニッケル黄銅貨）

たのです。

●硬貨はどんな合金？

　5円玉から500円玉まで、1円玉以外は、合金です。
- 5円玉……黄銅（真鍮ともいう）…銅60％＋亜鉛40％
- 10円玉……青銅…銅95％＋亜鉛3〜4％＋スズ1〜2％
- 50円玉……白銅…銅75％＋ニッケル25％
- 100円玉　…白銅…銅75％＋ニッケル25％
- 500円玉　…ニッケル黄銅…銅72％＋ニッケル8％＋亜鉛20％

　5円玉は5円黄銅貨、10円玉は10円青銅貨、100円玉は100円白銅貨、500円玉は500円ニッケル黄銅貨といいます。

●次世代超合金の開発

　「超合金」というと、おもちゃのロボット（「マジンガーZ」）の素材を思いうかべるかもしれません。それは単に亜鉛合金製のおもちゃを「すごい合金」というイメージで販売したものです。

　金属材料の業界では、超合金はスーパーアロイ（文字通り超合金）のことで、きわめて高い温度のもとでも耐酸化性・耐食性にすぐれ、十分な強度をもつ合金のことです。主にニッケル・コバルトなどを主成分とするものです。

　たとえば、ジェットエンジンの開発では、エンジン内の燃焼温度が上がるほどエネルギー効率が上がり、燃費がよくなります。しかし、温度があがっても耐えられる材質でできたタービンブレードが必要です。

　そのために、さらにすぐれた性質をもつ合金を開発する必要があります。

1-4 めっき

●めっきとは？

めっきは、物体の表面を金属の薄い膜でおおうことを指しています。めっきされる物体は、金属だけではなく、プラスチックやセラミックなどの非金属もふくまれています。めっきによって、腐食をおさえたり、装飾としての価値を高めたり、硬い表面にしたり、特殊な機能を持った薄膜（磁性薄膜、導電性薄膜など）にしたりするのに利用されています。

●めっきの方法

めっきの方法には、薄い膜をどのようにつけるかという方法によって、電気めっき、化学めっき、溶融めっき、溶射（メタリコン）、物理蒸着などがあります。

以下、そのうちの電気めっき、化学めっき、溶融めっきを見ていきましょう。

●(1)電気めっき

めっきしたい金属のイオンをふくむ水溶液に電気エネルギーを用いて、そのイオンを還元して品物の表面に金属として析出させます。

1836年、イギリスで銀の電解めっきの工業化に成功して以来、電気めっきはめっき工業の主流でした。1922年、クロムめっきの工業化にも成功し、ニッケルとともに、電気めっきとしてもっとも多く用いられることになりました。

もっとも一般的な電気めっきはニッケルめっきで、鉄、亜鉛、黄銅などに対して行われています。

クロムめっきは、ニッケルめっきの仕上げとして用いられています。くもりどめ用には、0.0002〜0.0005 mmのうすいクロム膜をニッケルめっき上にかけています。

銀めっき、亜鉛めっきなどの金属のめっきも広く用いられています。

図1-4-1 トタン鋼板とブリキ鋼板

トタン屋根（亜鉛めっき）

ブリキ鋼板（スズめっき）

● (2) 化学めっき

　めっきしたい金属のイオンをふくむ水溶液に、電気エネルギーではなく薬品（化学還元剤）を用いて、そのイオンを還元して品物の表面に金属として析出させます。ニッケルの化学めっきがもっともよく行われています。

　電気を使わない（電気分解を使わない）ので「無電解めっき」ともいいます。

　とくに化学めっきは、プラスチックの表面に金属めっきをするのに行われることが多いです。

　ガラス表面に銀めっきする「銀鏡反応」は、化学めっきの一例です。

● (3) 溶融めっき

　溶融（融解）した金属の液体に、品物を漬けた後に引き上げて、品物表面に付着した溶融金属を固まらせる方法です。めっき膜が厚くなるので、長寿命の防食めっきをしたいときに行われます。

　もっとも一般的なのは溶融亜鉛めっきです。乾電池の負極に使われている亜鉛は、鉄、アルミニウム、銅に次いで4番目に使われている実用金属ですが、もっとも使われている分野はめっきです。

　亜鉛鉄板（トタン）、ガードレール、鋼管など野外で長く用いるものになされています。トタンは、鉄よりも腐食されやすい亜鉛をめっきすることで、鉄を保護しています。

　缶詰の内部の鋼板は、溶融スズめっき（ブリキ）されていますが、こちら

は鉄よりも防食に強いスズで鉄を保護しています。

●古代の金めっきと水銀中毒

　めっきの歴史は古く、日本では5世紀ごろに中国からその技術が渡来しています。

　奈良の東大寺の大仏は、その完成当時（755）、仏像全体が金色に燦然と輝いていたという記録が残されています。そのめっきの方法は、アマルガム（水銀の合金）法で、まず水銀に金を溶かしたアマルガムをつくり、きれいに磨いた仏像の表面にこすりつけてから、その表面を加熱して水銀を蒸発させるというものです。

　アマルガムはギリシャ語の「やわらかい物質」に由来します。水銀は元々常温で液体なので、加熱しなくても金、銀、銅、亜鉛、カドミウム、鉛などの融点が低い金属を溶かし込んでアマルガムとなります。アマルガムはやわらかい糊状で、少しの加熱で軟化するので加工しやすいのです。

　東大寺の大仏の金めっきは、アマルガムを加熱すると水銀だけが気化するという性質を利用しました。「東大寺大仏記」によれば、水銀5万8620両（約50トン）、金1万446両（約9トン）を用いたとあります。膨大な量の水銀が蒸気になって奈良盆地を覆ったかもしれません。日本化学会編「化学防災指針」によると水銀蒸気の吸入は気管支炎や肺炎を引き起こし、腎細尿管障害、むくみ、場合によって尿毒症も発生し、全身のだるさ、手のふるえ、運動失調などをひき起こします。環境科学が専門の白須賀公平氏は、そのときの水銀蒸気で平城京の人々は水銀中毒になり、平城京は遷都せざるを得なかったのではないかと述べています（日本経済新聞2004年5月7日〈文化欄〉）。

　似たような話は、砂金の採掘でも見られます。砂金を水銀でアマルガムにすると砂金の不純物の多くは水銀に溶け込まないので、アマルガムを加熱すると金を精錬できるからです。

　ブラジル、アマゾン川流域では、1970年代の終わり頃から川底やジャングルの堆積土中の砂金採掘が盛んに行われ、金の精錬に使用されている水銀による汚染が深刻化しています。タンザニア、フィリピン、インドネシア、中国等の国々でも同様な汚染が起きています。

1-5 金属資源と製錬・精錬

●海外に依存する金属資源

日本はかつて銀や銅の世界有数の産出国でした。しかし、資源が枯渇し、また人件費や環境対策費の上昇等により採算がとれなくなったので閉山が相次ぎました。現在、わが国の金属鉱山で操業しているのは菱刈金山（鹿児島県）のみとなっています。

わが国は必要な金属資源のほぼ全量を海外からの輸入にたよっています。

なお、「都市鉱山」（57ページ参照）という観点からみると、わが国は世界有数の資源大国になります。

●金属資源の分類

金属資源は、大きくベースメタル、レアメタル、貴金属に分けられます。

ベースメタルは、生産量・消費量、埋蔵量の比較的大きな鉄・銅・亜鉛・鉛・アルミニウムなどです。

レアメタルは、ベースメタルや貴金属以外で、現代工業を支える特異な機能をもつ金属で、マグネシウム、チタン、ベリリウム、マンガンなどです。ただし、必ずしも量が少ないわけではありません。たとえばチタンやマンガンは、地殻中に豊富に存在する金属です。

なお、希土類（レアアース）とレアメタルは、定義が異なりますので、混同しないように注意が必要です。

図1-5-1　金属資源の3分類

金属の分類	用途
ベースメタル	電線や各種ケーブル、メッキなど
レアメタル	自動車・住宅、電気・電子、航空・宇宙の幅広い分野で使われるほか、超伝導材料や形状記憶合金、水素吸蔵合金として、IT関連分野や環境保全などハイテク分野
貴金属	装飾品、触媒

貴金属は、金・銀・白金属（PGM）です。

●わが国は世界有数の金属消費大国

日本の金属消費量は世界全体の消費量に対して、ベースメタルである銅は5.2％、亜鉛は4％、鉛は2.3％、またレアメタルであるニッケルは9.7％、モリブデンは16.5％、貴金属のプラチナは14.6％を占め、世界でも有数の金属消費大国です。

●鉱床と鉱物

天然に単体として産出する金属は、金、白金、わずかに銀、銅、水銀などがあります。金、白金を例にとると自然金、自然白金といいます。これらは、金属の陽イオンへのなりやすさの傾向（イオン化傾向）が小さい金属です。

その他の大多数の金属は、天然には酸素や硫黄などの化合物として岩石の形で、あるいはイオンとなって海水中などに存在します。

金属資源の多くは、地殻の岩石の中でとくに多く凝集している部分（鉱床）から採掘しています。たとえば鉄は地殻中に平均5％前後含まれていますが、その10倍程度凝集していると採算が取れて採掘可能になります。有望な鉱床がある場所を鉱山といいます。

鉱床から採掘される、金属や合金を取り出す岩石を鉱石といいます。

鉱石には、金属の酸化物（酸素との化合物）や硫化物（硫黄との化合物）などでできている鉱物が含まれています。鉱石にはある1つの鉱物だけが含まれていることはほとんどなく、ふつういろいろな鉱物が混じっています。

●選鉱⇒製錬・精錬

採掘された鉱石は、次に必要な部分のみが選別されることになります。取り出された金属資源（原鉱あるいは粗鉱）から、目的の元素を含んだ鉱物を分離します（選鉱）。選鉱で得られた鉱石を還元することによって金属を取り出すことを製錬といいます。

さらに製錬の段階では、未だ純度が低い場合が多いので、純度を高める精錬を行います（製錬と精錬をあまり区別せずに、共に鉱石から金属を取り出す意味で使う場合もあります）。

図1-5-2　日本の金属消費量

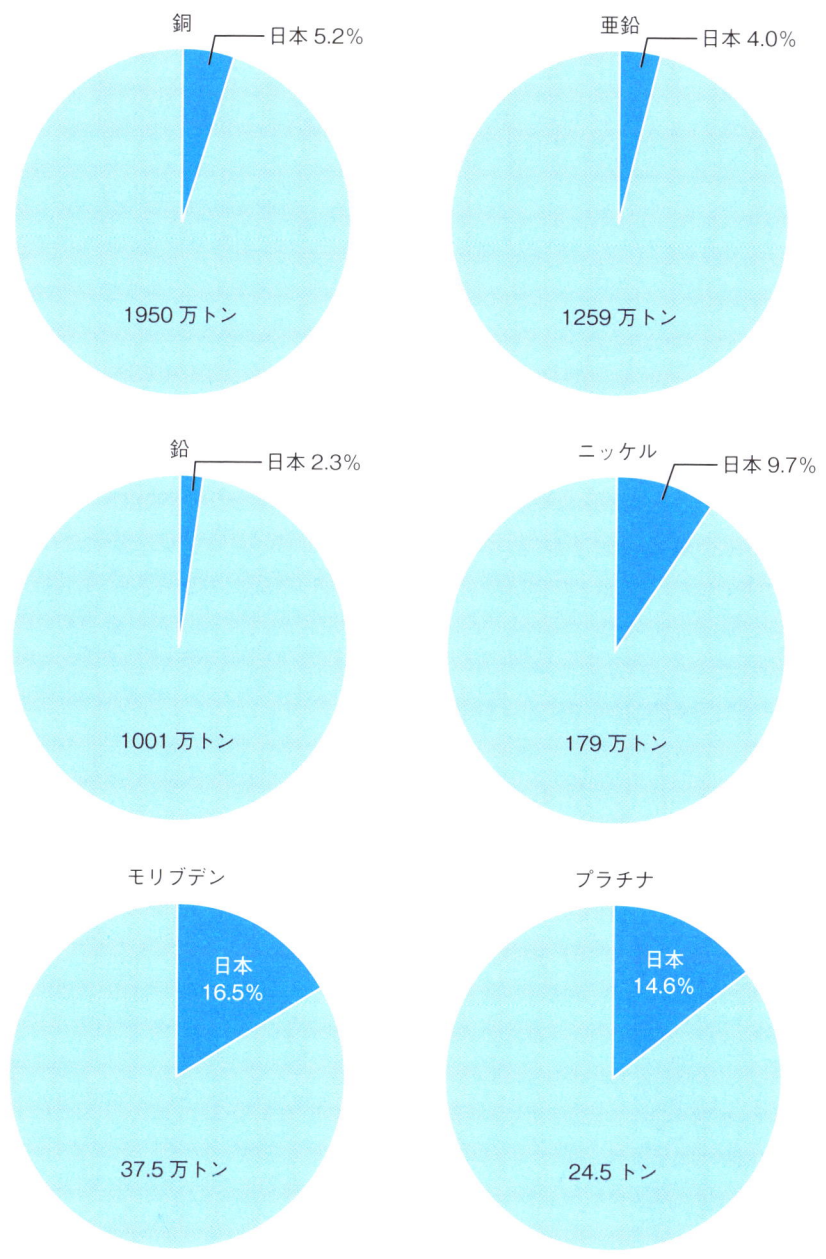

出典：独立行政法人石油天然ガス・金属鉱物資源機構（2011年）

製錬は、炉を用いて鉱石（固体）を融かして液体にして（融解）鉱石を還元する乾式製錬と、アルカリや酸を用いて、鉱石に含まれる目的の金属を溶かして、その溶液から金属を取り出す方法に大きく分けられます。前者は水溶液系を使わないので乾式、後者は水溶液系を使うので湿式とよびます。温度は、前者は高温、後者は低温です。

　その他に、アルミニウムの場合のような溶融塩電解（融解塩電解）、銅の精錬で使う電解精錬など電気エネルギーを使う方法があります。

● 冶金

　狭くは、鉱石から金属を取り出す製錬・精錬のことを冶金といいます。「冶」の代わりに「治」という字を用いることもあります。

　広くは、金属を加工して、その性質を変えて種々の目的に応じて実用に用いやすくすることも含めます。たとえば粉末冶金は、広い意味の冶金で、金属粉末から金属の製品をつくる方法です。主に、焼結（プレス成形）を使う製造法で、つくり出された部品や材質は焼結合金または粉末合金と総称されます。

● 深海底に眠る鉱物資源（熱水鉱床）

　深海には、数百℃という熱水が噴出している場所があります。噴出口は、熱水の成分が沈殿して煙突状のパイプ（チムニー）になっており、その口か

図1-5-3　今でも深海底でつくられる熱水噴出孔

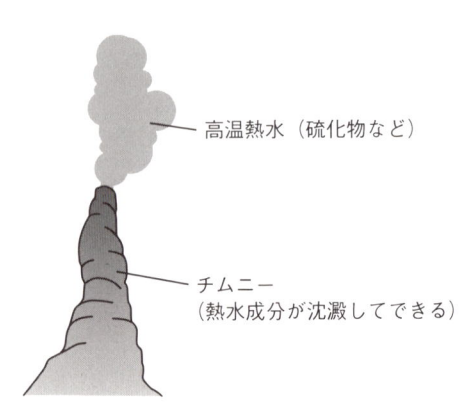

図1-5-4 マンガンノジュール
(photo by Koelle)

らは金属の硫化物や硫酸塩を含んだ熱水が噴出しています。高温の熱水は鉄の硫化物などをふくむために冷やされると析出して黒っぽく見えるのでブラックスモーカー、低温の熱水は硫黄や石こう（硫酸カルシウム）を含むため冷やされると析出して白っぽく見えるのでホワイトスモーカーと呼ばれます。
　噴出口のまわりには金属化合物が沈殿しています。その沈殿物には銅、鉛、亜鉛、金、銀などの他にレアメタルも濃集しています。このようにしてできた鉱床を熱水鉱床といいます。菱刈金山も熱水鉱床です。

●マンガンノジュール

　世界各地の深海底に、直径1 cmから30 cmのマンガンノジュール（マンガン団塊）が見られます。マンガン、鉄、ニッケルやコバルト、銅などの酸化物を含んでいます。バウムクーヘンのような層状になっているので、長い時間をかけて成長してできたものと考えられます。
　深海底の熱水鉱床やマンガンノジュールは、将来利用できる資源として有力ですが、どう回収するかという技術的問題、海は誰のものかという大きな問題が横たわっています。

●金やウランは超新星爆発でできたもの

　現在、私たちの身の回りにある原子番号の大きな元素は、恒星の中でつくられました。夜空に輝く星は、水素をヘリウムに転換する核融合反応で輝いています。ヘリウムがそこそこたまると今度はヘリウムが核融合反応を始めます。太陽より重い星は、炭素や酸素、窒素もが核融合反応を始めます。星の中で、元素は原子番号26番の鉄までつくられます。金やウランなど鉄よりも原子番号が大きい元素は、超新星爆発の時につくられます。

1-6 鉄鉱石から鉄へ

●鉄の製錬＝製鉄

鉄鉱石には、いくつかの種類がありますが、共通しているのは鉄と酸素の化合物だということです。

鉄鉱石から鉄を取り出す、つまり鉄の製錬には、酸化鉄から酸素を取り除く（還元する）ことが必要です。鉄の製錬は、よく製鉄とよばれます。

製鉄は2つ、あるいは加工まで含めると3つの工程になります。まず溶鉱炉で銑鉄をつくる工程（精銑）、銑鉄から炭素を取り除き炭素分の少ない鋼をつくる製鋼、さらに圧延です。

精銑には、内側に耐火物を張った溶鉱炉（高炉）を用います。

溶鉱炉に鉄鉱石、コークス、石灰石を入れて高温の空気を送り込んで反応させます。

コークスは、石炭をむし焼きにしてつくった炭素の固まりです。

溶鉱炉の中では酸化鉄が一酸化炭素によって還元されて鉄になります。一酸化炭素はコークスが酸素と反応してできます。

　　酸化鉄　＋　一酸化炭素　→　鉄　＋　二酸化炭素
　　　　　　　　（還元）

ここで生成するのは炭素を多く含んでいて、もろい銑鉄です。銑鉄は炉の底にたまり、不純物はその上にスラグとして浮上します。スラグは鉄鉱石中の不純物の二酸化ケイ素がケイ酸カルシウムになったものです。スラグは、セメント、レンガ、建設資材に用いられます。

●製鋼

銑鉄は、炭素を多く含んでいます。銑鉄から不純物のリン、硫黄を除去してから転炉に移し酸素を吹きこんで炭素を燃焼させて除くと鋼になります。

高級鋼製造のためにさらにppmオーダーの不純物などを除去します。溶

図1-6-1　溶鉱炉と転炉

溶鉱炉 (photo by Josu P)

転炉

けた鋼を連続的に厚みのある鋼片に固めます（連続鋳造）。その後、2つあるいは複数のロール（ローラー）を回転させ、その間に鋼片を通して板・棒・管などの形状に加工します（圧延）。

●溶鉱炉（高炉）を使わない新しい製鉄法

　神戸製鋼が開発した新製鉄法『ITmk3（アイティ・マークスリー）』が、2010年1月から商業炉として実用化しています。

　新炉は、形を熱が伝わりやすい円盤状にしたのが特徴で、現在主流の高炉が8時間かかるのに比べて行程時間を大幅に短縮しています。溶鉱炉ではなく、円盤形の平たい回転炉の中で鉄鉱石を加熱し、粒状の鉄を生産します。さらに、別の炉に入れ、成分調整して、鋼にします。

　利点は、時間短縮（8時間が10分に）、安価な粉状の鉄鉱石が使用可能、一般の石炭が使用可能、エネルギー効率がよく、二酸化炭素発生量の約20％低減できることです。

　小型高炉の代替や大規模製鉄所での銑鉄製造の補填や補完に使えます。

1-7 鉄のいろいろ（鋳鉄、鋼など）

●鉄の種類と炭素含有率・用途

●鋳鉄と鋼

鉄は鋳鉄と鋼（はがね）とに大きく分けられます。その一番の違いは炭素含有量です。

鋳鉄は、炭素含有量が約2％以上（ほとんどの鋳鉄は3％以上）です。鋼は、炭素含有量が約2％以下（ほとんどの鋼は1％以下）です。

●鋳鉄

純粋な鉄の溶融温度は1535℃ですが、鋳鉄は1400℃くらいでも溶融します。溶融して液体にして必要な形の鋳型に流し込んで凝固させ、鋳物として使われます。鋳型によって、製品の形状・寸法に近いものを一挙につくることができます。鋳鉄の難点は、衝撃に弱いことです。

●ダクタイル鋳鉄

水道管によく使われているダクタイル鋳鉄（「ダクタイル」とは、英語のDuctileのことで、延性のある、強靭なという意味の形容詞）は、金属組織のなかの炭素が球状の黒鉛になっていることで鋼の強度と伸びをもち、ふつうの鋳鉄の難点をクリアしたものです。そのため、土地の変形（車などの外加重や地盤沈下、ときには地震）や腐食にも長期間耐えきれるパイプになっています。

●炭素鋼

一般的によく使われる鋼が炭素鋼です。普通鋼ともいいます。炭素鋼は鉄と炭素の合金で、炭素含有率が最低で0.02％で、最大でも2.14％です。

炭素鋼のうち、炭素含有率が約0.3％以下を低炭素鋼、約0.3～0.7％を中炭素鋼、約0.7％以上を高炭素鋼といいます。

かつては、もっと細かく、純鉄（0.03％以下）、極（ごく）軟鋼（0.03～0.12％）、軟鋼（0.13～0.20％）、半軟鋼（0.21～0.35％）、半硬鋼（0.36～0.50％）、硬鋼（0.51～0.80％）、最硬鋼（0.81～2.0％）に分けていました。

表1-7-1　炭素鋼炭素含有率（%）と用途

種類	用途
約0.3%以下（低炭素鋼）	鋼管　建設用材　鉄板　鋼鉄線　軸　機械類
約0.3〜0.7%（中炭素鋼）	木工用具　歯車　バネ　ヤスリ　車輪　小刀　カミソリ　鋼球
約0.7%以上（高炭素鋼）	ペン先　弾丸

　炭素鋼は含有されている炭素量が多くなると、引っ張り強さ・硬さが増す半面、伸び・絞りが減少し、切削性が悪くなります。

　また、熱処理によって大きく性質を変える事ができます。

・焼きなまし…高温に熱したものを徐々に冷やす操作。鋼がやわらかくなる。
・焼き入れ…高熱の状態から急冷する操作。硬さと強さを増す。
・焼きもどし…一度焼き入れしたものを焼き入れの温度より低い温度で再び熱する操作。焼き入れしたものは、硬いが脆いという欠点があるので、これを粘り強くする。

●特殊鋼

　合金鋼は、炭素以外のマンガン、クロム、ニッケル、モリブデンなどいろいろな合金元素を1種類または2種類以上組合せ添加してつくられた鋼です。

　添加される合金元素の種類によって、クロム鋼、クロムモリブデン鋼などとよばれます。

　特殊鋼とよばれるものがあります。炭素鋼（普通鋼）に対していわれるものですから合金鋼もそのなかまです。ニッケルやクロムなどを添加したり、成分を調整したもので、耐熱性、耐食性に優れ、普通鋼では耐えられない厳しい環境下で使われます。

　たとえば、ニッケルを加えると粘りと強度が向上し、モリブデンを加えると高温での強度、硬度が増します。また、銅を加えると耐食性が増すといった具合です。つまり、特殊鋼はいろいろな要求や用途に応じてさまざまに鋼の性質を向上させるものです。

　鋼の強度が増すと、自動車や機械などが軽量化できますし、信頼性向上や

長寿命化などが可能になります。鋼がより熱に強くなると高温化で磨耗しやすくなる鋼の弱点を補って、エンジン等、超高温下での機械部品の性能・寿命向上に貢献します。耐食性が増して鋼がより錆びにくくなると水回りや、屋外、海岸付近の機器の長寿命化や景観維持に貢献します。

特殊鋼は、鋼のスーパースターといえるでしょう。

図1-7-1　特殊鋼。鉄にいろいろな元素を加えることでその特性が変化する

●パソコン（エレクトロニクス材料）
　・HDD（耐磁性）
　・キーボードスプリング（しなやかさ）

●自動車
　・バルブ（耐熱性・耐磨耗性）
　・トランスミッション（耐久性）

●包丁・刃物
　・（耐食性）

●工具
　・硬度　・強度

●添加される主な元素
　・クロム……さびにくくする
　・バナジウム……磨耗しにくくする
　・モリブデン……粘りを増す
　・ニッケル……強さと粘りを増す
　・マンガン……強さと硬さを増す

1-8 さびにくいステンレス鋼

●「ステンレス」の意味

ステンレス鋼の「ステンレス」は、stainless で、stain は「さびや汚れ」、less は「～がない」「～しない」なので、「さびない」という意味になります。

JIS（日本工業規格）では、種類記号の先頭に主に「SUS」をつけることから、ステンレス鋼を「サス」とよぶ場合もあります。SUS は、Steel Used Stainless（さびの少ない、さびにくい用途の鋼材）の頭文字です。

●ステンレス鋼の種類

ステンレス鋼は、鉄にクロムやニッケルを含ませた合金です。鋼の中で、さびと闘う代表的なものです。耐食性のほか耐熱性にも優れています。合金鋼、特殊鋼のなかまになります。

大きく3つに分けられます（表1-8-1）。

●18-8ステンレス鋼は磁石につかないというが…？

18-8ステンレス鋼とは、クロム18％、ニッケル8％を含ませた鋼です（JIS：SUS304）。ステンレス全体の中で最もポピュラーなもので、家庭用品から原子力発電設備まで幅広く使われています。ただし、ニッケルを8％も入れてあるので高価です。

表1-8-1 ステンレス鋼の種類と用途

種類	成分	さびにくさ	用途
オーステナイト系	クロム18～20％、ニッケル8～11％	もっともさびにくい	食器、厨房用品、浴槽、屋根材、壁材、鉄道車両など広範囲に使われる。
フェライト系	クロム16～18％	中間	マルテンサイト系より耐食性に優れ、オーステナイト系に比べ安価なため厨房器具、内装材、自動車装飾品などに使われる。
マルテンサイト系	クロム11～14％	もっともさびやすい	刃物や工具などに使われる。

より安価なフェライト系と区別するのに、磁石を近づけてつくかつかないかを調べる方法があります。高級な18-8ステンレス鋼は磁石につかない、つまり非磁性をもっています。しかし、18-8ステンレス鋼も磁石につく場合があります。曲げるなどの加工を行うと、加工量にともない原子の結びつき方が変化し、磁石につきやすくなることがあります。

図1-8-1　水飲み器（18-8ステンレス鋼）

(photo by SCEhardt)

● ステンレス鋼はさびないか？

　ステンレス鋼は、「さびない」のではなく「さびにくい」のです。さびにくいのは、含まれているクロムが、空気中の酸素や水と結びついて、表面がさびているからです。ステンレス鋼の表面のさびは、とても緻密で（ギッシリとつまっている）、それ以上、酸素や水分が金属とふれるのを防いでしまいます。さびで、さびを防いでいるわけです。この表面の緻密なさびを不動態皮膜といいます。

　この表面の不動態被膜が破れて、針でつついたような孔が空くと、さびを促進するはたらきのある塩分や塩酸（塩化物イオン）などにより腐食されていくのです。これを孔食（あるいは点食）といいます。ステンレス鋼の腐食でもっとも一般的にみられます。

　さびを促進する物質がたまりやすいとさびが進行してしまうので、さびの除去をし、表面を研磨して液をたまりにくくします。他の金属と接触すると、局部的な電池ができてさびやすくなるので他の金属と接触しないようにします。

　特に塩化物イオンが腐食の重要な原因になるので、塩化ナトリウムの存在は好ましくありません。汗や水の中に溶けている塩化ナトリウムや塩分をふくむ食品、また海岸地方では海水の飛沫による塩化ナトリウムの付着は要注意です。

1-9 銅鉱石から銅へ

1. 金属材料の化学

●粗銅を取り出す

主な銅の鉱石は、黄銅鉱です。銅と鉄と硫黄が結びついた物質が主成分です。

銅の製造では、まず、黄銅鉱から純度98〜99%の粗銅を取り出します。粗銅は、黄銅鉱を焼いて硫化銅（Ⅰ）と酸化鉄の混合物にして、これを二酸化ケイ素とともに反射炉に入れて加熱し、鉄を除いた後、転炉に入れて空気を吹き込みます。このとき2000℃を超える高温になり、硫化銅（Ⅰ）が還元されて（Cu^{2+}が電子を受け取って）、粗銅ができます。

●銅の電解精錬

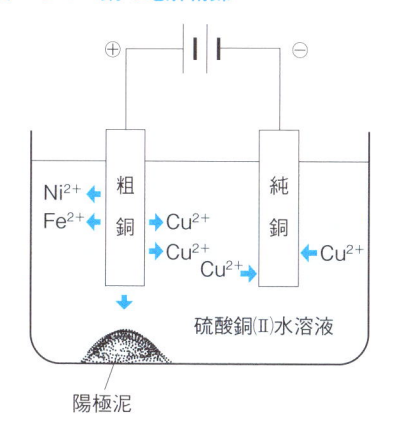

図1-9-1 銅の電解精錬

陽極では、粗銅が電子を取られて陽イオンになって溶液へ溶け出る。このとき銅より陽イオンになりやすい鉄、ニッケル、亜鉛などは陽イオンになって電解液に溶解する。イオンになりにくい金、白金、銀は陽極の下にどろ状にたまる（陽極泥）。溶液中の銅イオンは陰極で電子を受け取り銅となって析出する。

粗銅はまだ不純物を多く含んでいるため、板状に加工した粗銅を陽極、純銅を陰極にして電解精錬を行います。粗銅の陽極は溶け、純銅の陰極には銅が析出します。

粗銅は電解精錬によって、99.99%以上の純銅になります。電解精錬で得られた銅を電気銅といいます。

●銅が電気配線や電気部品、空調パイプに使われる理由

銅の特徴として、まず、「電気や熱をよく伝える」ことがあげられます。

銅は、銀に次いで電気、熱をよく伝える金属です。室温における

電気伝導性は銀の94％と銀とあまり変わらないのにコストは格段に低いので、とくに電気器具の配線、部品、回路、ケーブルの材料などとして電気・電子機器に欠かせない部品として使われています。

図1-9-2　銅瓦

熱伝導性にも優れていて、やわらかく、とくに焼きなますと楽に曲げられて加工しやすく、コストも低いので、エアコンの冷媒用パイプなど熱運搬部品、ガス瞬間湯沸かし器の熱交換器やヒートシンクのような廃熱・放熱部分にも用いられています。

● 建材に生かされる銅の色

銅は美しい色彩や光沢を持ちます。その輝きは建材などに生かされ、建物を美しく彩っています。年月が経っても銅の表面にできる緑青（ろくしょう）というさびは保護被膜となって内部への腐食の進行を防ぎます。屋根や雨といなどにこの特性が生かされています。

● 緑青は猛毒ではない

緑青は、銅のさびで摂取すると猛毒であるといわれてきました。

しかし、1984年8月、当時の厚生省の研究班が、緑青の衛生問題の研究結果として、「緑青猛毒説」は誤っていたと発表しています。

緑青の成分は、銅に含まれる不純物の種類、あるいは銅が置かれた環境条件の差（空気及び水）によって若干の差があるといわれますが、その主成分は塩基性炭酸銅を中心とした塩基性化合物であるとされてます。

緑青の毒性については、厚生省の研究班が1981年〜1984年に動物実験を行った結果があります。急性毒性と慢性毒性を調べたものですが、緑青は猛毒であるとはいえずほとんど無毒ということがわかりました。

● 銅（Ⅱ）イオンには殺菌効果がある

銅（Ⅱ）イオンは、殺菌効果があります。そのため、雑菌によって生じるぬめりや臭いを防ぐ効果があります。

実用例としては、靴下の防臭目的で、布地の中に銅線を織り込むなどが行われています。

1-10 ボーキサイトからアルミニウム

●ボーキサイトからアルミナ

　アルミニウムの原料は、ボーキサイトと呼ばれる赤褐色の鉱石です。酸化アルミニウム（アルミナ Al_2O_3）を52～57％含んでいます。

　粉砕したボーキサイトに濃い水酸化ナトリウム水溶液などを混ぜて加圧加熱すると、ボーキサイト中の酸化アルミニウムが水溶液中にアルミン酸ナトリウムになって溶け出してきます。この中から、溶けない不純物を除去したあと、撹拌、冷却すると、水酸化アルミニウムの結晶が析出してきます。

　水酸化アルミニウムの結晶を取り出し、約1000℃前後の温度で焼成すると、純白のアルミナができます。

　このボーキサイトからアルミナを得る方法をバイヤー法といいます。

●アルミニウムの電解製錬

　アルミナのアルミニウム原子と酸素原子の結びつきは非常に強く、そこから酸素を除いてアルミニウムを得るのは困難でした。強力な還元剤であるナトリウムやカリウムを使わなくてはなりません。それには大きなコストがかかります。

　そこで考えられたのが、アルミナを溶融して電気分解をするという方法です。しかし、アルミナの融点は約2000℃と高く、そこまで温度を上げるのは技術的に困難でした。そこで、アルミナに混ぜて融点を下げる物質の探究が始まりました。その物質が氷晶石です。これで、融点が約1000℃に下がり、電気分解が簡単になりました。この方法が、現在でも世界中で採用されているホール・エルー法で、1886年に発明されました。

　純粋なアルミナに氷晶石を混ぜて、加熱して溶融して液体にします。その溶融塩に炭素電極を差し込んで電気分解すると、陰極にアルミニウムが析出してきます。融けたアルミニウムは、電解炉の底にたまります。

　この融けたアルミニウムを取り出し、保持炉に移して必要な成分・純度に

図1-10-1　ホール・エルー法（電解精錬法）

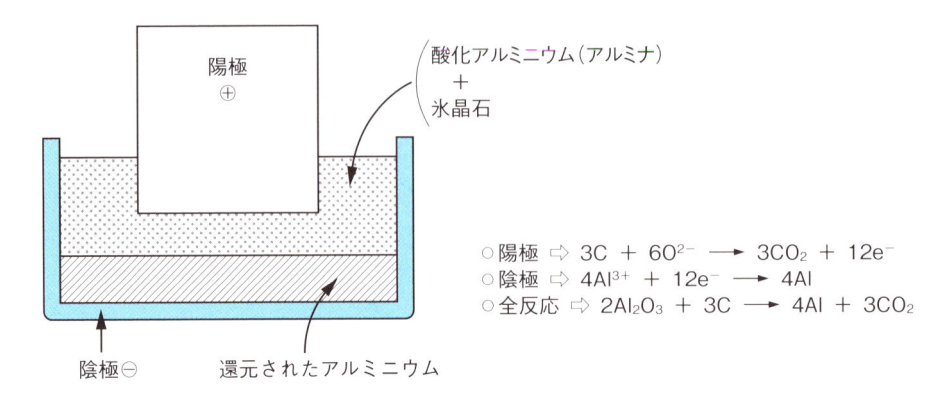

陽極
酸化アルミニウム（アルミナ）
＋
氷晶石
陰極⊖
還元されたアルミニウム

○陽極　⇒　$3C + 6O^{2-} \longrightarrow 3CO_2 + 12e^-$
○陰極　⇒　$4Al^{3+} + 12e^- \longrightarrow 4Al$
○全反応　⇒　$2Al_2O_3 + 3C \longrightarrow 4Al + 3CO_2$

調整し、用途に応じてインゴットなどにします。インゴットは、アルミニウムの新地金と呼ばれ、スクラップから再生した二次地金（再生地金）と区別しています。

ホール・エルー法は、大量の電力を必要とするので、アルミニウムは「電気のかたまり」とか、「電気の缶詰」といわれています。電力価格の高いわが国ではごくわずかの量を1カ所で製造し、ほとんどはアルミニウム地金を輸入しています。

いったん金属アルミニウムになったものをリサイクルするとボーキサイトからアルミニウムを製造するエネルギーを消費しないですむので、アルミニウムのリサイクルは盛んに行われています。

●ホールとエルーが同じ年に同じ発見をした

「アルミナの融点よりずっと低い温度でアルミナを溶かし込むことができるものはないか」と探索が続けられていたとき、当時ホールとエルーは、共に氷晶石に目がいったのです。氷晶石はNa_3AlF_6という組成のフッ化物でグリーンランドでとれる乳白色の固まりです。

融点は約1000℃。氷晶石を融解して、アルミナを加えると、10％程度も溶かし込むことができたのです。そして電気分解によりアルミニウムを得ることができました。1886年のこと、はじめに、アメリカのホールが、その2カ月後にはフランスのエルーがこの方法をまったく独立に発見しました。

1-11 ジュラルミン

●3種のジュラルミン

ジュラルミンとは、アルミニウムと銅、マグネシウムなどによるアルミニウム合金の一種です。

ジュラルミンは、1906年ドイツのデュレンで、ウィルムによって偶然に発見されました。このデュレンとアルミニウムをあわせてジュラルミンという名前がつけられました。

アルミニウムだけだとやわらかいが、ジュラルミンにすると強靱になり、飛行機の機体に使えるようになります。もともと、ジュラルミンは航空機の骨組として第一次世界大戦でドイツにより使用され、ツェッペリン飛行船にも使われた材料です。

ジュラルミンは、JIS規格で
- A2017……ジュラルミン
- A2024……超ジュラルミン
- A7075……超々ジュラルミン

の3種類が代表的です。超ジュラルミンはジュラルミンの、超々ジュラルミンは超ジュラルミンの性能を改善したものです。

表1-11-1 ジュラルミンの化学成分（%）

ジュラルミンの種類 (JIS呼称)	Si	Fe	Cu	Mn	Mg	Zn	Cr
ジュラルミン2017	0.20〜0.8	0.7	3.5〜4.5	0.40〜1.0	0.40〜0.8	0.25	0.10
超ジュラルミン2024	0.5	0.5	3.8〜4.9	0.30〜0.9	1.2〜1.8	0.25	0.10
超々ジュラルミン7075	0.04	0.5	1.2〜2.0	0.30	2.1〜2.9	5.1〜6.1	0.18〜0.35

1・金属材料の化学

図1-11-1　飛行機のB777とB787の材料内訳

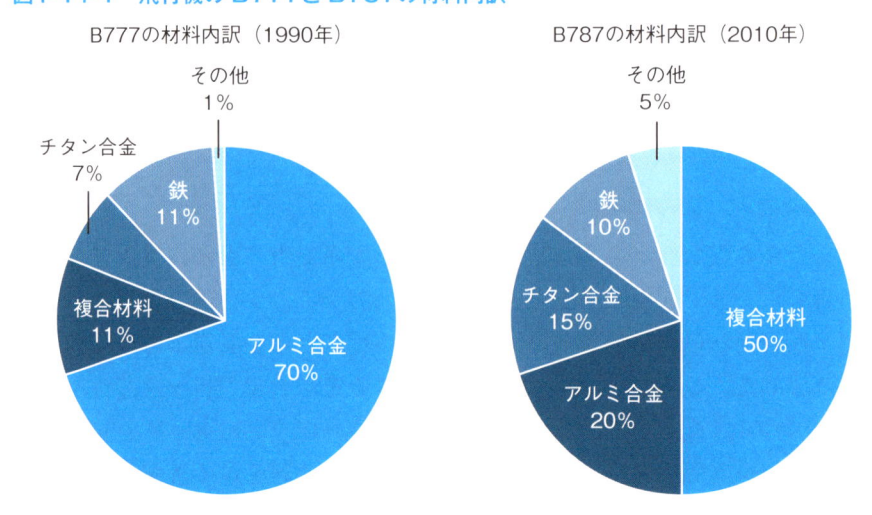

B777の材料内訳（1990年）
- その他 1%
- チタン合金 7%
- 鉄 11%
- 複合材料 11%
- アルミ合金 70%

B787の材料内訳（2010年）
- その他 5%
- 鉄 10%
- チタン合金 15%
- アルミ合金 20%
- 複合材料 50%

● ジュラルミン、超ジュラルミン

　主要な添加元素が銅であり、強度が高く、機械的性質や切削性に優れている合金。ジュラルミン（2017）、超ジュラルミン（2024）が代表的で、超ジュラルミンの硬度は鋼に匹敵します。航空機向けには、表面に純アルミニウムを重ね合わせて、耐食性を向上させて使用しています。

● 超々ジュラルミン

　アルミニウム合金の中でもっとも強度のある7075は、超々ジュラルミンと呼ばれ、日本で開発された合金です。かつては零戦に用いられ、現在でも航空機の構造材に用いています。その他、鉄道車両、スキーのストック、金属バットなどのスポーツ用品に使用しています。

● 飛行機の機体のアルミ合金占有率は下がりつつある

　現在就航しているB777は、アルミ合金が機体材料の70%（重量比）を占めていますが、最新鋭機のB787（トラブル多発で2013年2月現在運航停止中）は、50%近くが複合材料に占められるほどになっています。これまで幅広く使用されてきたアルミニウム合金であるジュラルミンなどは、より性能の高い炭素繊維強化プラスチックなど新型複合材料に置き換えられ使用量は減少傾向にあります。

1-12 マグネシウム

●マグネシウムはどんな金属？

　マグネシウムは、銀白色の金属光沢をもっています。空気中に放置しておくと表面の金属光沢がにぶくなり、次第に白色になります。これは、表面が酸化マグネシウムになったためです。この酸化マグネシウムによって、内部が保護されるので比較的安定です。

　マグネシウムは、実用金属のなかではアルミニウム、鉄に次いで、地殻の存在量が多い元素です。海水のなかにも、ナトリウムに次いでたくさんふくまれていて、海水から塩化マグネシウムを取り出して、塩化マグネシウムを溶融塩電解（固体の塩化マグネシウムを熱して融かした液を電気分解）すると金属マグネシウムを得ることができます。工業的に溶融塩電解法が始まったのは1896年のドイツでした。アルミニウム、チタンと並んで新しい実用金属です。酸に溶けやすく、水素を発生します。多くの金属酸化物を還元します。モース硬度は2.6で、指の爪の硬度に近いです。

　マグネシウムの材料としての特徴は、次のようです。
- 実用金属としては、最も軽い材料。比重はアルミニウムの3分の2、鋼の4分の1となる。
- 鋼やアルミニウムより強靱。
- 切削性に優れている。
- 圧力を加えても簡単にくぼまない。
- 温度や時間が変化しても寸法変化が少ない。
- 高い振動吸収。

●マグネシウムの用途

　マグネシウムは、反応性の高い金属で、かつては、その粉末を酸化剤と一緒にして反応させて、写真撮影のフラッシュに用いられました。硫黄とも強く結びつくので鉄鋼の硫黄を除去する脱硫剤に用いられています。

図1-12-1　シリンダーブロックのダイカストモデル

(photo by Wizard191)

世界的に見て、マグネシウムの用途の約半分は、アルミニウムをベースとした合金（例えばジュラルミン）へ加えるために使われています。

次に、軽量化を狙って、ダイカストとしての用途の需要が伸びています。ダイカストとは金型に溶融金属を加圧注入して凝固させる鋳造法です。寸法精度が高く、鋳肌がきれいなので、機械加工を必要としない大量生産に適しています。

自動車用ではホイール、ステアリングカラム、シートフレームなど、携帯用としては、ノート型パソコンの筐体、カメラ、携帯電話、釣り具、玩具、家電としては、洗濯機、冷蔵度などがあります。

●ダイカストに用いられるマグネシウム合金

マグネシウム合金は、マグネシウムを主体とし、それに他元素を加えた合金です。マグネシウムは実用金属中もっとも密度が小さく（1.74 g/cm^3）、これに少量の添加元素を加えて強化したのがマグネシウム合金です。銅合金やアルミニウム合金に比較すれば、その強度はあまり高くはありませんが、同じ質量あたりの強度で比較すれば、マグネシウム合金は高張力鋼に相当します。鋳造や溶接なども容易で、仕上がりも美しいです。

マグネシウム合金は、最近では、密度の小ささの他にも金属の持つ放熱性や電磁波シールド性（電磁波を遮断する性質）が注目され、薄型ノートパソコンや携帯電話等で盛んに使われています。

またマグネシウム合金は、振動吸収性がよいので、振動を嫌うハードディスク等に最適な材料です。自動車のホイールやステアリング等にも使用されています。

1-13 チタン
「軽い」「強い」「さびない」金属

●チタンはどんな金属？

　生活のなかでは、ゴルフクラブ、メガネ、時計などに用いられています。

　チタンは銀白色の金属で、密度（単位体積あたりの質量）は鉄とアルミニウムの中間で鉄の60％程度です。同じ質量で機械的な強度を比べると、鉄の約2倍でアルミニウムの約6倍ですから、軽くて強い金属です。塩酸や硫酸などの薬品に侵されにくく、海水の塩分によってもさびにくい優れた耐食性を持っています。融点は1668℃と高く耐熱性があります。つまり、チタンは、「軽い」「強い」「さびない」という三大特徴を持った金属です。

　「さびない」のは、チタンが酸素と非常に安定な結合をつくるからなのですが、そのことで、肌にやさしく金属アレルギーを起こしにくくなっています。そのため、肌に直接つける用品や医療用として人工関節や歯茎のインプラントなどに利用されています。

　地殻の元素存在量は、9位ですから地殻中にたくさんあります。しかし、他の元素（例えば酸素）と結びついた化合物として存在しています。しかも、チタンの化合物は元素同士が非常に強く結びついているので、簡単に純粋なチタンを取り出すことはできません。そのため大量生産されるようになったのは1948年、アメリカでのことでした。

●チタンが使われている用品

　身のまわりでは、メガネのフレーム、時計や装身具に使われています。

　大がかりなものでは、優れた耐食性や軽くて強いことから化学プラントや飛行機の機体などに使われています。国内の需要の約30％は化学プラント用です。

　発電所では、タービンを回した水蒸気を冷やして水に戻す復水器は、海水にさらされるのでさびやすいので、さびにくいチタンが使われています。

　チタンの性質をさらにレベルアップするために、チタンにアルミニウムや

図1-13-1 チタンで作られた指輪

図1-13-2 機体にチタンが使われている超音速・高高度偵察機 SR-71

ホウ素を加えたチタン合金（成分の半分以上はチタン）も使われています。

●チタン用品の色

　純粋なチタンの色は銀白色です。チタン製の身のまわりの用品を見ると、いろいろな色のものがあります。

　金属に色を付ける方法は様々です。鍍金（めっき）もその一つでしょう。ペンキなどを塗装する方法もあります。要は金属の表面が様々な色に見えるように加工するのですが、チタンは、その表面にごく薄い酸化皮膜をつくることで着色することができます。

　酸化皮膜の厚さを変えることにより光の干渉でグレーから茶、赤、青、緑、黄色、ピンク、赤やその中間色など様々な色をつくることができます。その酸化皮膜は、耐食性にすぐれ、色あせも変色もなく、水、薬品や海水の塩分などでさびることもありません。いつまでも美しい色を保つことができます。

　なお、なおチタン原子と酸素原子が1：2の割合で結びついた酸化チタンは非常に安定な化合物で、白色顔料として利用されています。また光触媒としての性質を持っています。

1-14 貴金属―金と白金

●貴金属と卑金属

　貴金属や卑金属は、日常語で、科学的にその厳格な定義は明確ではありません。一般的には、容易に化学的変化を受けず常に金属光沢を保ち、産額が少なく高価であることを特徴とする、金、白金、ルテニウム、ロジウム、オスミウム、イリジウムなどをさします。通常、銀もふくめます。貴金属に対して空気中で簡単にさびる金属を卑金属といいます。

　ここでは代表的な貴金属である金と白金について見てみましょう。

　高価な金属と言えばすぐに金を思い浮かびますが、白金もまた高価な金属です。

　金と白金の価格は、世界の景気や株価などによって変動しています。

　2012年9月現在で、1グラムの金、白金はそれぞれ4600円、4400円です。

図1-14-1　金と白金の価格の推移

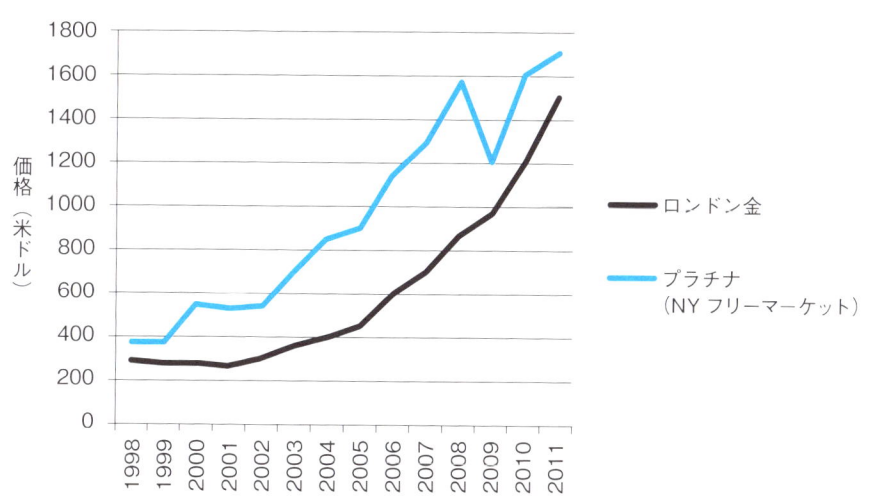

●イオン化傾向が非常に小さい金と白金

　金属が水溶液中で陽イオンになる性質の強さを金属のイオン化傾向といいます。金属をイオン化傾向の大きなものから順に並べたものを金属のイオン化列といいます。

　鉄などのようなさびやすい金属では、原子が電子を失って陽イオンになりやすいのでイオン化傾向は大きく、金や白金などのようにさびにくい金属では、原子が陽イオンになりにくく、イオン化傾向は小さいです。一般に、イオン化傾向が大きい金属ほど、酸に溶けたり酸素などとの反応が起こりやすい性質があります。

　その主な金属のイオン列は次のようです。

　（リチウム　カリウム　ナトリウム）＞マグネシウム＞アルミニウム＞鉄＞ニッケル＞スズ＞鉛＞水素＞銅＞水銀＞銀＞（白金　金）

　水素より大きい金属は塩酸に溶けます。水素より小さい金属は塩酸に溶けません。銅、水銀、銀は濃硝酸など酸化力が強い酸に溶けるが、金、白金は溶けません。金、白金は王水には溶けます。

●装飾品や電気材料に使われる金

　有史以来、人類が産出した金はおよそ15万トン程度といわれ、体積にしてオリンピックプール（長さ50 m、幅22 m、深さ1.7 m）3杯程度にしか過ぎません。

　金は、展性、延性ともにきわめて大きく、通常の金箔で厚さ0.0001ミリメートルとなり、また1グラムの金を約3000メートルの針金とすることができます。電気、熱の良導体で、銀、銅に次ぎます。空気中、水中できわめて安定で、黄金色の色調を変えることがなく、また酸化剤によっても酸化されず、酸やアルカリにも溶けません。しかし王水には溶けてクロロ金酸になります。

　多くの国で貨幣の基準として用いる特別な金属でもあります。ほかに主として工芸品、装飾品などに、また歯科医療、万年筆のペン先、ガラスや陶磁器の着色剤、電子工業用（電気伝導性がよいので、電気の接点など）として使われます。純金のままでは軟らかすぎるので、普通は銅、銀および白金族元素などとの合金として用います。合金としての品位は、カラットKで表し

図1-14-2 世界の金用途別需要

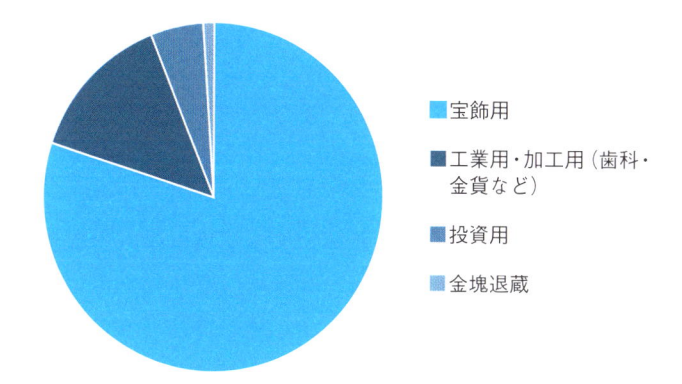

- 宝飾用
- 工業用・加工用（歯科・金貨など）
- 投資用
- 金塊退蔵

図1-14-3 排ガス浄化用自動車触媒は、炭化水素やCO（一酸化炭素）、NOx（窒素酸化物）等の排気ガスが車から排出される前に、白金触媒を用いて無害なガスに分解する

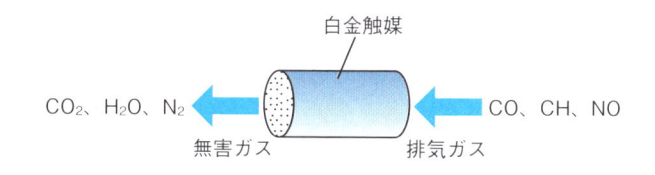

CO_2、H_2O、N_2 ← 白金触媒 ← CO、CH、NO
無害ガス　　　　　　　　　　　　　排気ガス

ます。カラットは純金を24Kとし、たとえば金貨は21.6K（金90％）、装身具18K（金75％）、金ペン14K（金約58.3％）などです。

●触媒に使われる白金

　白金はプラチナともいいます。空気や水分に対してきわめて安定で、高温に熱しても変化せず、酸・アルカリにも強く、耐食性に富んでいます。装飾用だけではなく、細粉状または白金海綿として化学反応の触媒に用いられます。白金抵抗温度計、実験用るつぼ、熱電対、電気接点材料、発火栓、電極、化学装置、装飾用など多様の用途があります。
　触媒は他の物質の化学反応を促進する働きがある物質です。白金は、触媒として、排ガス浄化用自動車触媒、燃料電池の電極に使われています。

1-15 半導体

●半導体とは？

　金属が電気を通すことはよく知られています。銅は屋内の配線に、アルミニウムは送電線に用いられます。電気をよく通しやすいもの、いいかえれば電気伝導率の高いものを良導体と言います。良導体はおもに金属であり、銀はもっともよく電気を通します。その反対に、ガラス、ゴム、木などは電気を通しません。これらは絶縁体、または不導体とよばれます。

　半導体は、良導体と絶縁体の中間にある物質です。ただし、半導体は常に電気を通すというわけではなく、ある時は良導体として、ある時は絶縁体としてはたらきます。金属は温度が上昇すればするほど電気伝導率が下がりますが、半導体はその逆で温度が上昇するにつれて、電気を通します。

　光や熱、電圧などが半導体の電気伝導率に影響を与えるので、これらの性質を利用して素子（デバイス）がつくられ、コンピュータの集積回路、温度センサーやダイオード、トランジスター、太陽電池などに利用され重要な役割を果たします。

●半導体の原料

　半導体の原料となる代表的な元素は14族の非金属のケイ素（Si）です。そ

図1-15-1　電気伝導率

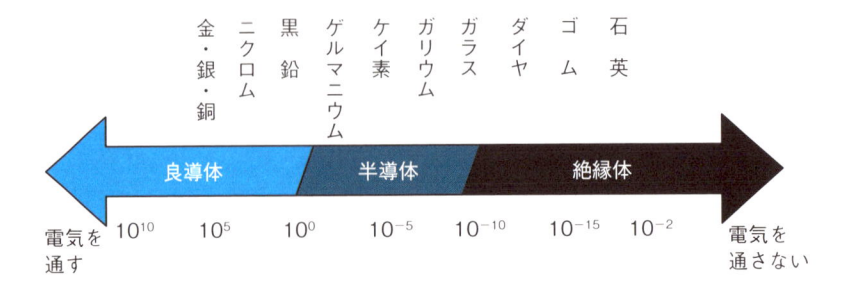

良導体	半導体	絶縁体
金・銀・銅　ニクロム　黒鉛	ゲルマニウム　ケイ素　ガリウム	ガラス　ダイヤ　ゴム　石英

電気を通す　10^{10}　10^{5}　10^{0}　10^{-5}　10^{-10}　10^{-15}　10^{-2}　電気を通さない

のためケイ素の純粋な単結晶が求められ、その純度は99.99999999％以上と9が10個ならびテンナインといわれるほどです。ケイ素は、そのものが半導体であり元素半導体といいます。

一方、電気伝導率の低いものに不純物を少しだけ混ぜることで半導体をつくることができます。不純物を加えて電気を通すようにする処理をドープといいます。不純物には13族の金属のガリウム（Ga）・インジウム（In）や15族の非金属のヒ素（As）・リン（P）・窒素（N）などが用いられます。

複数の元素を材料にしてつくる半導体を化合物半導体といいます。ケイ素を用いることなく半導体をつくることができます。さらに、高速信号処理や低電圧動作、光反応などの特性をもつようになります。

●半導体ビジネス

アメリカのカリフォルニア州北部にシリコンバレーとよばれる地域があります。シリコンはケイ素、すなわち半導体、先端技術の象徴が名前の由来です。この地域にはアップル・インテル・ヤフー・グーグル・ヒューレットパッカード・アドビシステムズ・シマンテックなどの半導体やIT関連企業が多く本拠を置いています。

2012年1月のニュースでは「2011年の一年間に半導体製品を購入したハードウェアメーカーのうち、購入金額が最も多かったのはアップルだった。」とアメリカの市場調査会社Gartnerが公表しました。この結果は、サムソンやヒューレットパッカードを上回る数値であり、アップルの成功を裏付けるバロメーターとも言えます。

他には、「半導体大手のルネサスエレクトロニクスと富士通、パナソニックが、家電などに使われる主力製品：システムLSI（大規模集積回路）の事業統合を検討している」と報道されました。半導体の開発には莫大な費用が必要で、企業のリスクを減らすために各社が連携する動きもあります。

IT技術の進んだ現在において、半導体は不可欠であり、半導体関連のさらなる技術開発に各種企業はとても力を注いでいます。また、それにとどまらず、保守サービスなどの付加価値の提供や販路の拡大なども含めて、国際競争力を高めることが重要な課題です。

1-16 レアメタル

●レアメタルとは？

　レアメタルは英語でrare metalで、日本語では「めずらしい金属」という意味です。一般的には希少金属と呼ばれます。これに対して、身近にありふれた金属はコモンメタル（汎用金属）と呼ばれます。いったい、どのようにめずらしいのでしょうか。

　レアメタルについての国際的な統一基準は存在しませんが、経済産業省によれば、「地球上の存在量が稀であるか、技術的・経済的な理由で抽出困難な金属のうち、現在工業用需要があり、今後も需要があるものと、今後の技術革新に伴い新たな工業用需要が予測されるもの」と定義しており、31鉱種

図1-16-1　レアメタル31鉱種（太枠がレアメタル。レアアースは全部で１鉱種）

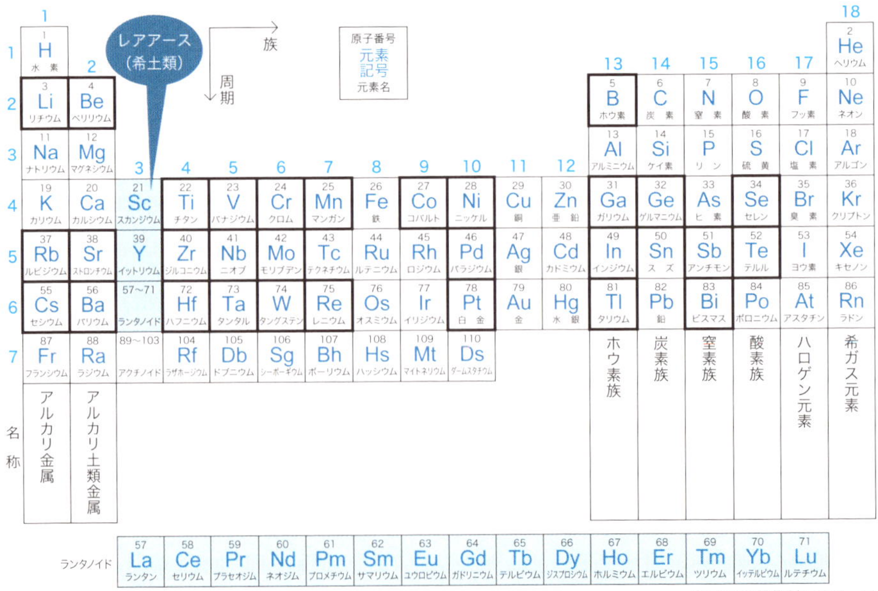

色アミの部分がレアアース

を対象としています。そのうち、レアアースは希土類に属する性質のよく似た17鉱種を総括して1鉱種としています（図1-16-1）。

●レアメタルの用途

レアメタルは素材に少量添加するだけで、性能が飛躍的に向上するため「産業のビタミン」ともよばれています。目に触れるところには多く存在しません。主な用途としてはテレビ・携帯電話・デジタルカメラをはじめとした電子機器があり、レアメタルなくして日本の工業製品はできないといっても過言ではありません。

例えば、身近な電子機器の代表とも言える携帯電話には、表1-16-1に示すようなレアメタルが使われています。

表1-16-1　携帯電話に使われるレアメタル等（金はレアメタルではありません）

原子番号	元素名	元素記号	地殻内存在量 ppm	携帯電話に使われる用途　（一般的な主な用途）
3	リチウム	Li	20	リチウムイオン電池（ガラス・冷媒吸収材）
24	クロム	Cr	100	電子基板（ステンレス・合金・セラミックス）
25	マンガン	Mn	950	電子基板（鉄鋼・合金・電池・磁性体・薬品）
27	コバルト	Co	26	リチウムイオン電池（超硬工具・特殊鋼・磁性体・触媒）
28	ニッケル	Ni	76	コンデンサ（ステンレス・メッキ・触媒・磁性体・電池）
49	インジウム	In	0.1	液晶画面の透明電極（低融点合金・蛍光体・半導体素子）
51	アンチモン	Sb	0.2	プラスチックの難燃材（合金・特殊鋼）
56	バリウム	Ba	429	コンデンサ（X線造影剤・磁性体・顔料）
73	タンタル	Ta	2	コンデンサ（耐熱材・超硬工具・原子炉制御棒）
46	パラジウム	Pd	0.01	コンデンサ（水素化触媒・排ガス触媒・宝飾品）
79	金	Au	0.004	端子部分のメッキ・IC（宝飾品）

出典：小谷太郎「宇宙で一番美しい周期表入門」（青春出版社　2007年）を改編

1-17 金属ビジネス

●レアメタルはとても大切！

　レアメタルのおもな機能には、磁性・触媒・工具の強度増強・発光・半導体性などがあります。これらを利用した機器は携帯電話・デジカメ・パソコン・テレビ・電池・各種電子機器など様々です。レアメタルは、現在の私たちの暮らしをより豊かにするために必要な機器をつくるのに不可欠なのです。

図1-17-1　レアメタルの用途

高機能材
- 電子部品：ガリウム、タンタル
- 液晶：インジウム、セリリウム
- 特殊鋼：ニッケル、クロム、タングステン、マンガン

小型軽量化・省エネ・環境対策
- 小型モータ 希土類磁石：ネオジウム、ジスプロシウム
- 小型二次電池：リチウム、コバルト
- 超硬工具：タングステン、バナジウム
- 排気ガス浄化：プラチナ

用途例：
- パソコン
- テレビ
- 医療機器
- 自動車

- デジカメ
- 携帯電話
- 自動車

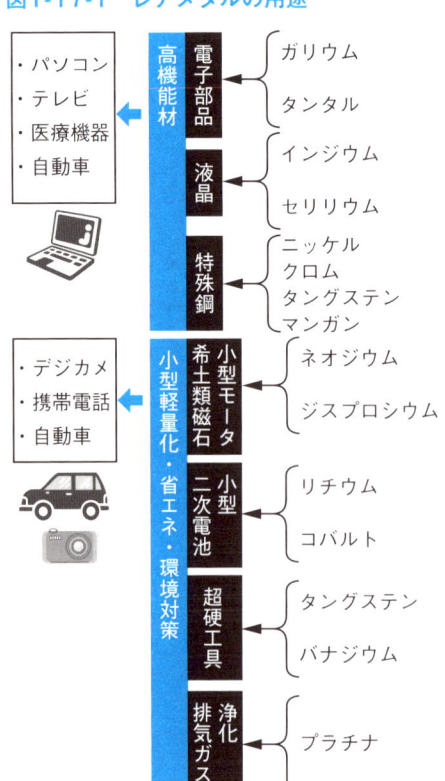

●レアメタルの産出国

　レアメタルの主な産出国は中国・ロシア・北米・南米・豪州・南アフリカなどです。残念ながら日本には産出を誇れるようなレアメタルはありません。産出国の政情や輸出の方針の変更などにより、レアメタルが不足することになるかもしれません。したがって、様々な工業製品に必要不可欠なレアメタルを安定に供給確保するために、日本では1983年から金属鉱業資源機構法にもとづいて、レアメタルのうち7種を約1カ月分備蓄しています。万が一に備えて、できるだけ多くのレアメタルを備蓄しておくことが望まれます。

●国家戦略

　レアメタルの産出国はレアメタ

表1-17-1　レアメタルの偏在性

レアメタル名	資源（鉱石）の上位産出国（2008年）　上位三カ国の合計シェア						
	1位		2位		3位		
レアアース	中国	97%	インド	2%	ブラジル	0.5%	99%
バナジウム	南アフリカ	38%	中国	33%	ロシア	27%	98%
タングステン	中国	75%	ロシア	6%	カナダ	5%	86%
白金	南アフリカ	77%	ロシア	13%	カナダ	4%	94%
インジウム	中国	58%	日本	11%	カナダ	9%	78%
モリブデン	アメリカ	29%	中国	28%	チリ	21%	78%
コバルト	コンゴ	45%	カナダ	12%	ザンビア	11%	68%
マンガン	南アフリカ	21%	中国	20%	オーストラリア	16%	57%
ニッケル	ロシア	17%	カナダ	16%	インドネシア	13%	46%
銅	チリ	36%	アメリカ	8%	ペルー	8%	52%
亜鉛	中国	28%	オーストラリア	13%	ペルー	13%	54%
鉛	中国	41%	オーストラリア	15%	アメリカ	12%	68%

出典：Mineral Commondity Summaries 2009　インジウムは地金ベース

ルを輸出して外貨を稼ぎ、日本をはじめとするレアメタルの消費国は、それを輸入し製品をつくり、製品を輸出することで利益を得ています。ところが近年になって、この構造に変化が表れてきました。

　例えば、レアメタルの産出国である中国は、レアメタルを国家戦略の柱と位置づけて、レアメタルの輸出規制をしました。それは国内のハイテク産業の成長にともなう需要増加があることに加えて、国家戦略としてレアメタルの価値を高めるためだと考えられます。中国の輸出規制により、日本は原料不足となり生産に影響が出てしまいました。そこで日本はレアメタルの安定した供給のために中国のみに依存せず、他の国との協力関係を広げています。外交政策による関係強化はもちろんのこと、レアメタルの産出国の発展段階に応じた多様なニーズに応えています。

●都市鉱山

　日本では、鉱山からレアメタルを採掘することはほとんどできません。し

図1-17-2　日本の都市鉱山の全蓄積量とその量で世界需要をまかなったときに何年もつかを計算した例

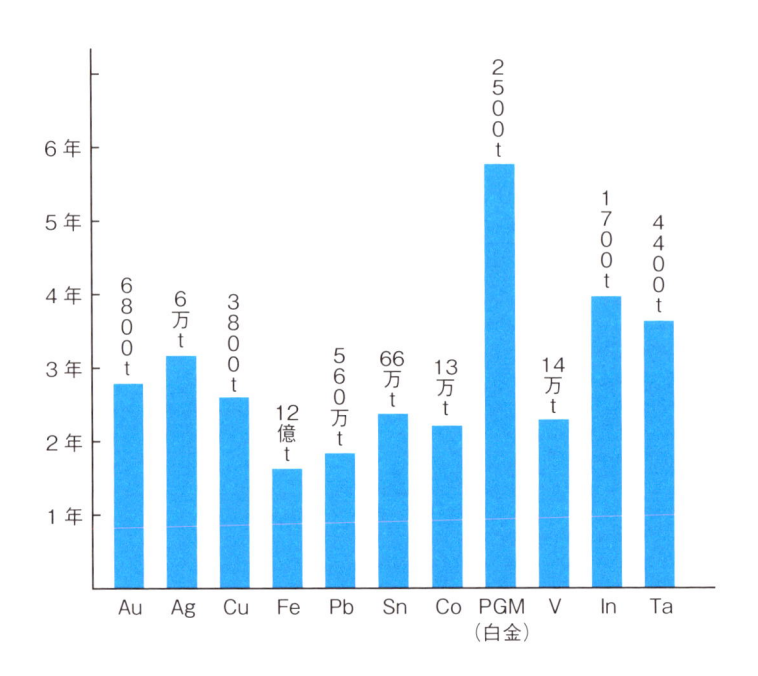

元素	蓄積量
Au	6800t
Ag	6万t
Cu	3800t
Fe	12億t
Pb	560万t
Sn	66万t
Co	13万t
PGM（白金）	2500t
V	14万t
In	1700t
Ta	4400t

かし、日本はレアメタルの消費国として、デジタルカメラ・テレビ・携帯電話をはじめとする電子機器を数多く生み出しています。古くなった電子機器の多くは廃棄されますから、廃棄物にはレアメタルが眠っていることになります。この状況は都市鉱山とよばれます。

　2008年に独立行政法人物質・材料研究機構は日本の都市鉱山の量を算定し、世界有数の産出国に匹敵する規模であることを明らかにしました。計算によると金は約6,800トン、銀は60,000トン、他にもインジウム、スズ、タンタルなど世界の埋蔵量の一割を超える金属が多数あることが分かりました。図1-17-2を見ると世界の消費量の2〜3年に相当する蓄積が、日本の都市鉱山にあることがわかります。

●携帯から金

日本で初めて、使用済みの携帯電話から金を取り出す事業を軌道に乗せている「横浜金属」という会社があります。なんと！ １トンの携帯電話から150グラムの金をつくることができるのです。たったそれだけ？ と思うかもしれませんが、世界最大の金の産出国である南アフリカの優秀な鉱山を例にとると、１トンに含まれる金はわずか５～８グラム。つまり携帯電話は、それに比べて最大約30倍の鉱脈なのです。しかも、携帯電話１トンからは銀約３キログラムとパラジウム約150グラムを取り出すことができるのです。このことから携帯電話は都市鉱脈とも言えます。

携帯電話以外にも家電製品や電子機器などには、レアメタルやその他の有用な金属がたくさん詰まっています。不要品を目の前から消し去る時代は終わりました。捨てればゴミ、集めれば資源です。

レアメタル回収の技術は日々開発されており、現在注目を集めているのは微生物を利用した方法です。ある種の微生物は金属イオンを選択的に収集し、濃縮することが明らかになってきました。工業的に多くのエネルギーを使ってレアメタルを分離するよりも効率的にかつ、安価にできることは注目に値します。

●レアメタルの代替

埋蔵量の限られた希少なレアメタルを有効に使うためにはリサイクルに加えて、レアメタルを代替することで使用量を抑えることも必要です。簡単な例をあげると、軽量で丈夫なことで知られるチタンは眼鏡のフレームに使われていますが、アルミニウムやプラスチック・木でも代替が可能です。

また、電子機器の液晶画面には透明電極が用いられており、ガラスにスズとレアメタルの酸化インジウムを付着させたITO電極が現在の主流ですが、透明電極には、コモンメタルの酸化亜鉛を用いたものや電気を通すプラスチックを利用する方法もあります。今後、研究開発が進めば、いろいろな場面でレアメタルの代替ができるようになる可能性があります。

第2章

高分子・プラスチック材料、セラミックスの化学

現代の三大材料といわれるのが金属・高分子・セラミックスです。とくに有機系の高分子は他の材料と比べて軽く、成形加工が容易で、耐久性、耐水性、電気絶縁性などの性質が優れているため、樹脂や繊維、ゴムとして広く用いられています。セラミックスはもともと焼き物という意味で、陶磁器、タイル、れんが、ガラスなどをさしていましたが、高い機能をもったセラミックスが次々と開発されています。すでに金属をみてきたので、ここでは高分子とセラミックスの世界をみていきましょう。

2-1 多数の原子が結合した巨大分子
―高分子―

　現代の三大素材といわれる金属・セラミックス・高分子の中で、とくに有機高分子は他の素材と比べて軽く、強度・弾性・耐熱性などの性質が優れているため、広く用いられています。

●低分子と高分子

　私たちの周りにある水、酸素、二酸化炭素などは分子からできています。タンパク質やデンプンも分子からできていますが、水などと比べて非常に大きな分子です。水など小さな分子を低分子といい、タンパク質やデンプンのような非常に大きな分子を高分子といいます。高分子は、原子が数千個もつながった巨大な分子です。

　低分子と高分子は、一般に分子量の大きさで区別します。分子量は、分子をつくっている原子の原子量（水素原子は1、酸素原子は16など）を足し合わせたものです。水 H_2O の分子量は18ですが、高分子はおよそ1万を超えます。

　セルロース（綿の成分）などの繊維、プラスチック、ゴムやタンパク質、DNAなどの有機高分子と水晶（石英）、ガラスなどの無機高分子とがあります。

図2-1-1　低分子と分子量が1万を超える高分子（エチレンとポリエチレン）

エチレンの構造

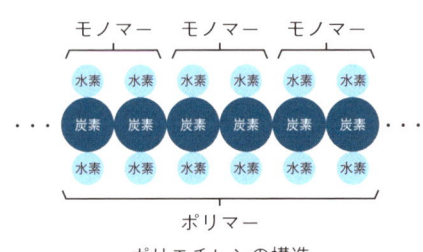

ポリエチレンの構造
モノマー　モノマー　モノマー
ポリマー

図2-1-2 付加重合の仕組み

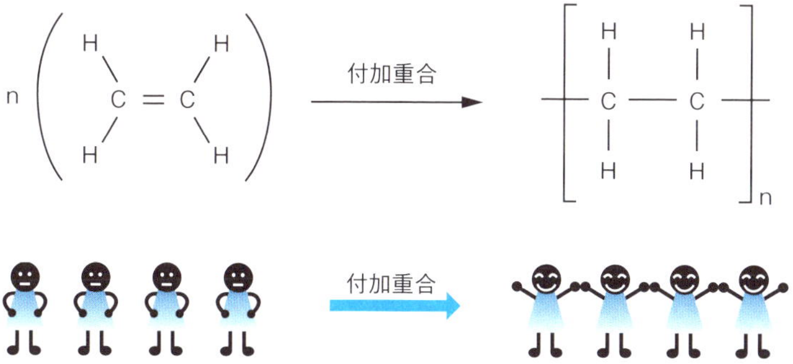

$$n \begin{pmatrix} H & & H \\ & \diagdown & \diagup & \\ & C & = & C & \\ & \diagup & & \diagdown & \\ H & & H \end{pmatrix} \xrightarrow{付加重合} \begin{bmatrix} H & H \\ | & | \\ -C-C- \\ | & | \\ H & H \end{bmatrix}_n$$

●モノマー（単量体）とポリマー（重合体）

多くの高分子では、鎖のような細長い分子で、一つ一つの鎖の輪に当たる構造単位が存在します。この構造単位となる小さな分子をモノマー（単量体）といい、モノマーが多数集まった高分子をポリマー（重合体）といいます。

多数のモノマーが結合してポリマーになる反応を重合とよびます。重合には次のような反応があります。

●付加重合

ポリエチレンは、エチレンが次々と結合してできたポリマーです。エチレンどうしが結合するとき、エチレン分子は2本の手を出してたがいに連結していきます。このような重合の仕方を付加重合といいます。

●縮合重合

ポリエチレンテレフタラート（PET）は、テレフタル酸分子とエチレングリコール分子の間で、水分子がとれながら次々と結合してできたポリマーです。このような重合の仕方を縮合重合といいます。

タンパク質、デンプンやセルロースは、天然の縮合重合体です。タンパク質はアミノ酸どうし、デンプンやセルロースはブドウ糖どうしから水がとれてそれらが次々とつながったものです。

図2-1-3 縮合重合の仕組み

エチレングリコール + テレフタル酸 → ポリエチレンテレフタラート

水分子がとれる

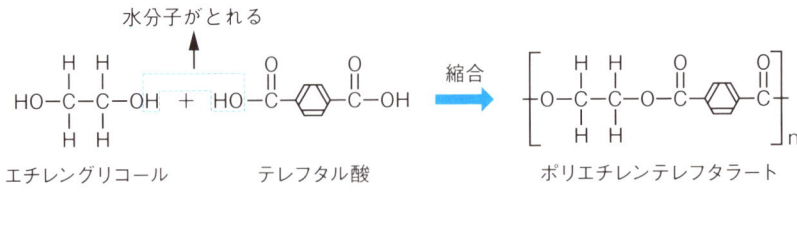

表2-1-1 付加重合と縮合重合の例

	モノマー	ポリマー
付加重合	エチレン	ポリエチレン
	塩化ビニル	ポリ塩化ビニル
縮合重合	フェノール＋ホルムアルデヒド	フェノール樹脂
	テレフタル酸＋エチレングリコール	ポリエチレンテレフタラート

●共重合と開環重合

　重合反応において、2種類以上のモノマーを同時に重合させることを共重合といいます。その生成物を共重合体（コポリマー）といいます。たとえば、タイヤやくつ底の材料に使われるスチレンブタジエンゴムは、1,3-ブタジエンとスチレンという2つのモノマーを付加重合してつくられます。

　環状のモノマーが、環を開きながら重合する開環重合という重合もあります。6-ナイロンは、カプロラクタムという環状の分子の一部が開いて重合すると生成します。

2-2 熱可塑性樹脂と熱硬化性樹脂

●熱可塑性樹脂と熱硬化性樹脂

　合成有機高分子は、その形状から大きくプラスチック(合成樹脂)と合成繊維に分類されます。

　まずプラスチックをみていくことにしましょう。

　私たちの身のまわりには、プラスチックの製品がたくさんあります。プラスチックは、金属などと比べて成形・加工しやすい、軽くてやわらかい、電気・熱を伝えにくいなどの特徴をもっています。

　プラスチックは、石油などを原料として人工的につくられた物質です。

　プラスチックは、熱や力を加えていろいろな形に成形することができます。このような性質を可塑性といい、プラスチックという名称はこの性質に由来します(「成型できるもの」という意味)。

　プラスチックは熱による性質の違いによって、熱可塑性樹脂と熱硬化性樹脂の2つに分けられます。

　熱可塑性樹脂は、長い線状の分子がからみあってできていて、加熱するとやわらかくなり、冷えると固まる性質があります。樹脂の小片(ペレット)を加熱軟化させ、圧力を加えながら、金型に押し出すなどして成形することができます。

　熱可塑性樹脂には、ポリエチレンやポリ塩化ビニルなどがあります。

　熱硬化性樹脂は、加熱によって分子どうしを結びつける反応が進行し、立体的な網目状な構造ができて固まります。硬化した樹脂は、熱してもやわらかくならず、じょうぶなので、家具や回路基板などに用いられています。

図2-2-1　有機高分子の分類

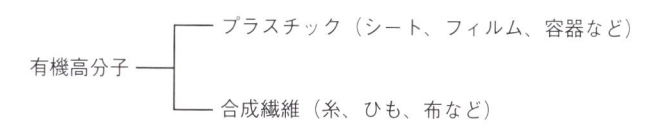

```
有機高分子 ┬── プラスチック(シート、フィルム、容器など)
          └── 合成繊維(糸、ひも、布など)
```

熱硬化性樹脂には、フェノール樹脂（ベークライト）などがあります。

図2-2-2　熱可塑性樹脂と熱硬化性樹脂の違い

●熱可塑性樹脂

加熱して融かしたプラスチック素材を型に入れて冷却する

冷却

冷却して固まったあと、型から取りだす

再度加熱して再生使用可能
ポリエチレン、ポリカーボネイトなど

●熱硬化性樹脂

プラスチック原料を型に入れて加熱する

加熱と化学反応

反応が終了し固まったあと、型から取りだす

耐熱性
メラミン樹脂、フェノール樹脂など

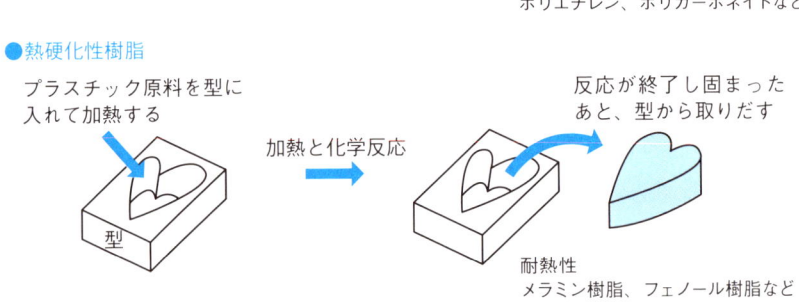

図2-2-3　熱可塑性の鎖状ポリマー（モノマーが重合してポリマーとなった鎖状分子構造）

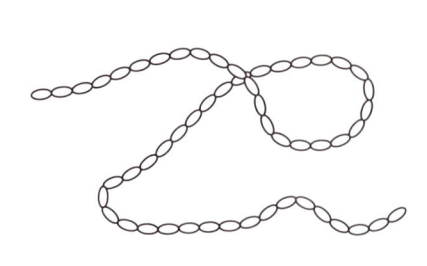

図2-2-4　熱硬化性の立体網目状ポリマー（ポリマー同士が架橋している立体網目構造）

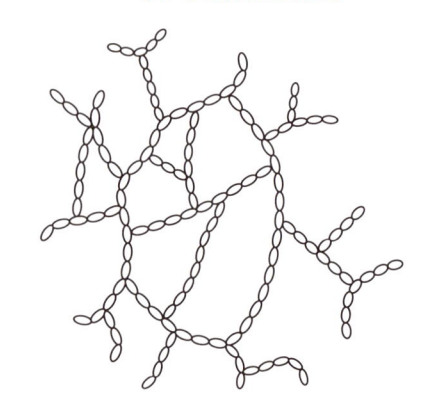

2-3 主な有機高分子

合成高分子の種類は多く、その用途も多様です。

●合成有機高分子の歴史

プラスチック合成の始まりは、象牙に似せてつくったセルロイドです。セ

表2-3-1 主なプラスチック

	プラスチック名	特徴と用途
熱可塑性	ポリエチレン	最も簡単な高分子。低密度ポリエチレンと高密度ポリエチレンがある。低密度型は包装材（袋、ラップフィルム、食品チューブ用途）、農業用フィルム、電線被覆、高密度型は包装材（フィルム、袋、食品容器）、シャンプー・リンス容器、バケツ、ガソリンタンク、灯油缶、コンテナ、パイプ
	ポリプロピレン	ポリエチレンに似ている。耐熱性はやや強い。自動車部品、家電部品、包装フィルム、食品容器、キャップ、トレイ、コンテナ、パレット、衣装函、繊維、医療器具、日用品、ごみ容器
	塩化ビニル樹脂（ポリ塩化ビニル）	燃えにくく、着色可能。ビニルホース、給排水管、床材、壁紙、ビニルレザー、農業用フィルム
	ポリスチレン（スチロール樹脂）	比較的硬いがもろい。OA・TVのハウジング、CDケース、食品容器。発泡ポリスチレンとして梱包緩衝材、魚箱、食品用トレイ、カップ麺容器
	ポリエチレンテレフタラート（PET樹脂）	樹脂状に成型してペットボトルに。あるいは繊維状に成型してポリエステル繊維に
	メタクリル樹脂（アクリル樹脂）	無色透明で光沢がある。照明器具や有機ガラスとして水族館の水槽などに
	ナイロン	樹脂として自動車部品（吸気管、ラジエータータンク、冷却ファン他）、食品フィルム、魚網・テグス、各種歯車、ファスナー。合成繊維としてストッキングなどに
熱硬化性	フェノール樹脂	耐熱性の樹脂。耐薬品性、電気絶縁性を持つ。電気部品、食器など
	メラミン樹脂	耐水性がよい。陶器に似ている。食卓用品、化粧板
	ユリア樹脂	メラミン樹脂に似ているが、安価で燃えにくい。ボタン、キャップ、電気製品（配線器具）

ルロイドは樟脳と硝酸セルロースを練り固めてつくります。セルロイドは天然物を加工したもので半合成樹脂と呼ばれます。

　人類が本当の意味で初めて高分子を人工的につくったのは、20世紀になってからです。1907年、ベークランド（アメリカ）は、フェノールを原料とするはじめての合成樹脂ベークライトを発明しました。ベークライトはソケットや電気部品をのせる基板などに使用されています。

　これをきっかけに合成高分子がさかんに研究されるようになりました。

　1931年、デュポンのカロザース（アメリカ）は、周到な基礎研究のうえで、天然ゴムに似せてクロロプレンゴムを合成しました。続いて、絹に似た合成繊維ナイロンの合成に成功しました。1935年のことです。その製品化のめどが立って、デュポン社は1938年にナイロンを発表しました。そのときのキャッチフレーズは「石炭と水と空気から出来ていて、鉄のように強くクモの糸のように細い」でした。当時はプラスチックの主原料は石炭でしたが、やがて石油に変わっていきます。

　ナイロンの発表の2年後、ナイロンを使った世界ではじめての女性用ストッキングが発売されました。それまでの絹の靴下に代わる、丈夫なストッキングは、たちまち人気商品となりました。今でもアメリカの女性はストッキングのことをナイロンといいます。合成プラスチック、合成繊維が生活に浸透していった出来事でした。

　その後、さまざまな合成樹脂、合成繊維や合成ゴムが開発されるようになりました。

●プラスチック材質表示識別マーク

　資源有効利用促進法に基づき、1993年6月より、ＰＥＴボトルを識別するＰＥＴマークができ、ＰＥＴ材質のボトルに表示が義務付けられています。

　　　　　　　　　（1・ポリエチレンテレフタラート）

　次の2～7の材質のものは任意表示で法的表示義務はありません。2～7の数字は材質、アルファベットは材質の略語を表しています。

2・高密度ポリエチレン（HDPE）　　3・塩化ビニル樹脂（PVC）
4・低密度ポリエチレン（LDPE）　　5・ポリプロピレン（PP）
6・ポリスチレン（PS）　　　　　　7・その他

| HDPE | PVC | LDPE | PP | PS | OTHER |

●プラスチック製容器包装識別マーク

　資源有効利用促進法に基づき、2001年4月よりプラスチック製の容器包装に表示が義務付けられています（飲料用、しょうゆ用のＰＥＴボトルは除く）。

　この識別マークの下に材質を併記したものもあります。識別マークに材質表示を併記する法的な表示義務はありませんが表示した方が望ましいという表示です。

　（注：PE→ポリエチレン、PP→ポリポロピレン、PET→ポリエチレンテレフタラート。なおポリエチレンテレフタラートは英語読みをして「ポリエチレンテレフタレート」ともよばれることも多い。）

2-4 主な合成繊維(1)

●糸をつくる繊維

私たちの日常生活はさまざまな衣料を必要としています。さまざまな布は、縦糸と横糸を織り合わせてつくられています。

糸は細長い分子からなる繊維と呼ばれる物質をより合わせてつくられています。繊維には、絹のように長くつながったものや、木綿や羊毛などのように短いものがあります。

繊維は大きく分けると、天然繊維と化学繊維に分けられます。天然繊維は綿や麻などの植物繊維と羊毛や絹などの動物繊維に分けられます。また、化学繊維は原料の違いによって、セルロースなどを化学的に処理してつくられる再生繊維や半合成繊維と石油などから合成される合成繊維とに分けられます。

●ポリエステル

天然繊維から巨大分子の構造を明らかにし、繊維を人工的に合成する研究が1930年代に行われました。そして、1935年にカロザースはナイロンの合成に成功しました。その後次々に合成繊維がつくられました。

ポリエステル、ナイロン、アクリルを三大合成繊維といいます。世界の生

図2-4-1　主な合成繊維

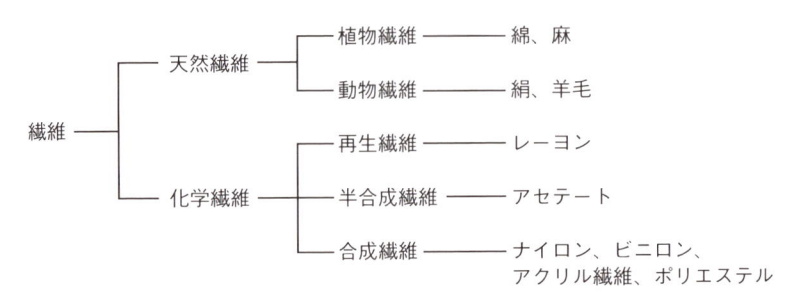

```
繊維 ─┬─ 天然繊維 ─┬─ 植物繊維 ─── 綿、麻
      │            └─ 動物繊維 ─── 絹、羊毛
      └─ 化学繊維 ─┬─ 再生繊維 ─── レーヨン
                   ├─ 半合成繊維 ── アセテート
                   └─ 合成繊維 ─── ナイロン、ビニロン、
                                    アクリル繊維、ポリエステル
```

図2-4-2 プリーツのついたスカート
（合成繊維の熱可塑性を利用してプリーツをつける）

産量で、ポリエステル・ナイロン・アクリルの三大合成繊維で全体の98％を占めています。その中ではポリエステルが全体の8割以上を占めています。

ポリエステルは羊毛に近い感触をもっており、耐熱性、耐摩耗性、耐洗濯性、耐薬品性にすぐれています。吸湿性がほとんどないため、すぐ乾き、そのまま着ることができます。

繊維をある形に整え、熱を加えると、その形のまま固定されやすいので、プリーツや折り目をあらかじめつけておくこと（パーマネントプリーツ加工）ができます。

なお、ポリエステル繊維とペットボトルの材質は同じ化合物です。ペットボトルのPETとはポリエチレンテレフタラートの略称ですが、これはポリエステルです。

その線状の高分子を繊維状に紡糸したものがポリエステル繊維です。また、線状の分子をランダムに三次元的に成形したものがプラスチック（合成樹脂）であり、ボトルなどに利用されています。そこでペットボトルの再利用の一つとして、ペットボトルの樹脂を細かく砕き、それを加熱して繊維状に紡糸して、ポリエステル繊維にして、Yシャツなどをつくっています。

図2-4-3 ペットボトルのリサイクル

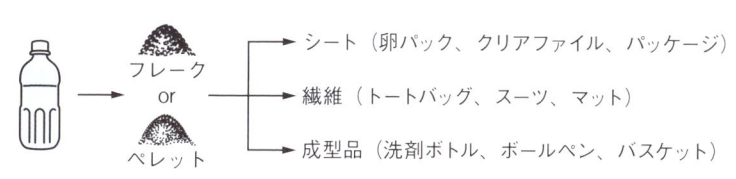

ペットボトル → フレーク or ペレット →
- シート（卵パック、クリアファイル、パッケージ）
- 繊維（トートバッグ、スーツ、マット）
- 成型品（洗剤ボトル、ボールペン、バスケット）

2-5 主な合成繊維(2)

●ナイロン

1938年、「鋼鉄より強く、くもの糸より細く、石炭と空気と水から作った優れた弾性と光沢とを持つタンパク質に似た繊維」という名文句ではじめての合成繊維であるナイロンが発表されました（開発は1935年）。

丈夫で軽く、弾力性があり、絹に似た感触があります。さらに、耐摩耗性や耐薬品性にすぐれています。吸湿性が小さいので、洗ってもすぐ乾きます。各種衣料品や魚網、ロープなどに利用されます。

ナイロンにはいろいろな種類があり、日本では主に6-ナイロンが生産されています。

図2-5-1 ナイロンのジャケット。ナイロンは、合羽やウインドブレーカー、スキーウェアなど冬用のスポーツウエアなどの衣類や、ギター弦、ストッキングや水着などにも用いられている

●アクリル繊維

合成繊維の中でポリエステルの次に多量に生産されています。

アクリル繊維は、柔軟で軽く、保温性、保湿性があり、肌触りが羊毛に近く、毛布や衣料に適しています。セーターや肌着、毛布、じゅうたんなどに利用されていま

図2-5-2 アクリルの傘。この他、セーターや肌着、毛布、じゅうたんなどに利用されている

(photo by Usien)

図2-5-3 ビニロン（化学遺産に認定）

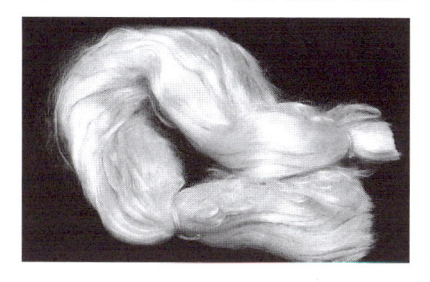

す。ただし、アクリル繊維は高温で燃焼させると有毒のシアン化水素を発生するため、注意が必要です。アクリロニトリルと塩化ビニルの2種類を付加重合（共重合）させた合成繊維は燃えにくく、カーテンに使用されています。

●日本人が発明したビニロン

ビニロンは、ポリビニルアルコールを原料とする合成繊維で、京都大学の桜田一郎教授らによって1939年に開発され、当時「合成1号」と名付けられました。日本における合成繊維の第1号で、1950年11月にクラレが世界で初めて工業化（岡山工場）しました。

合成繊維の中で最も親水性（標準状態で水分率3〜5％）があり、高強力で耐候性（紫外線による劣化が少ない）にすぐれていて、アルカリや酸に強いのが特長です。

1960年頃、ビニロン学生服が大ヒットし、広く一般にビニロンの存在が認知されました。現在は、高強力、高弾性率、親水性、耐薬品性、耐候性などの特性を生かせる分野に特化し、帆布、ロープ、農業用メッシュ状織布、海苔養殖網等の農水産資材、各種基布、特殊衣料（消防服、作業服等）や工業資材分野などで使われています。

●新しい合成繊維

合成繊維の開発は天然繊維をまねることから始まりました。こんにちでは、かなり天然繊維に近い性質のものがつくられるようになったばかりか、天然繊維には見られないすぐれた特長を備えた繊維が開発されるまでになっています。

水着やスキーウェアなどのスポーツウェアには、丈夫で伸縮性があり、水をはじく性質の合成繊維が使われています。吸湿発熱性、ストレッチ性、紫外線遮蔽性、形態安定加工性などの新しい機能をもった合成繊維（高機能化学繊維素材）が開発されています。

2-6 天然ゴムと合成ゴム

●ゴムの特長

ゴムの特長を整理すると次の3つがあります。

(1) 柔らかい（石や鉄、ガラスなどに比べて）
(2) 大きく変形しても壊れない（石や鉄、ガラスなどに比べて、例えば折り曲げても）
(3) かなり大きく変形しても、力を抜くと元へ戻る（例えば強く折り曲げても）

とくに、手をはなすともとへ戻るという(3)の性質がゴムらしいという必要な条件です。

実際に材料の硬さ（弾性率）を比べると、他の材料より圧倒的にやわらかいことがわかります。

元の形から数倍伸ばしてもちゃんと元に戻ってくれます。

ゴムには、天然ゴムと石油のナフサを原料としてつくる合成ゴムとシリコ

図2-6-1 ゴムは線状高分子（ポリマー）という構造をもつ。生ゴムはもろいので、そこへ硫黄を加えると弾性と強度が得られる。硫黄がポリマーの分子間に架橋をつくり滑りにくくしているのである

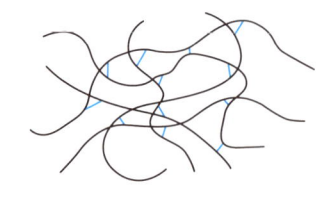

表2-6-1 材料の硬さ

材料	ヤング率（GPa）
ゴム	0.001～0.005
木材（チーク）	13
ポリエチレン	0.4～1.3
ナイロン	1.2～2.9
スズ	50
アルミニウム	70
石英	73
亜鉛	100
チタン	115
鉄（鋼）	200～216

ーンゴムがあります。

●天然ゴム

　天然ゴム（NR）はゴム供給量の3〜4割を占めています。航空機のタイヤや輪ゴムは天然ゴムでつくります。

　ゴムノキから取れる乳液（ラテックス）に酸を加えて固めます。酸で固まったゴムのままでは、普段私たちが目にしているほどの弾性は得られません。弾性体として実用化されるようになったのは、米国のチャールズ・グッドイヤーが1839年の冬に偶然にゴムに硫黄を混ぜて加熱する加硫法とよばれる技術を開発してからです。加硫法で、ゴムの弾性が飛躍的に上がり、さらに絶縁性、不浸透性、耐久性が上がりました。

　天然ゴムを熱分解すると、イソプレンが生じます。つまり天然ゴムは、多数のイソプレンが付加重合して生じた高分子です。

●合成ゴム

　ナフサを原料に、イソプレンや、それと類似した構造のブタジエンなどを付加重合させて、イソプレンゴムやブタジエンゴムなどを合成することができます。

　もっともはやく実用化した合成ゴムは、1930年にカロザースが発明したクロロプレンゴムです。イソプレンゴムほどの弾力性はありませんが、機能的に優れています。化学的に安定しているため、難燃性、耐久性、耐油性、耐薬品性があり、ホースやタイヤなどの用途があります。ただし、低温時には分子が結晶化しやすく機能が低下してしまいます。

　ブタジエンゴムは、柔らかいゴムで、強度が弱いため、合成ゴム系の接着剤として利用されます。ブタジエンゴム単独ではなく別の物質を組み合わせることで多様な性質を出すことができます。

　1種類のモノマーだけでなく、2種類のモノマーが付加重合（共重合ともいう）してゴムをつくることもできます。各々のモノマーの割合の違いが性質に影響を与えます。共重合ができることで物質の組み合わせは多様になり、品質を改良しやすくなります。スチレン-ブタジエンゴムは、強度が高いことから、車のタイヤに最適です。一方、強度を強めたことでゴムの弾性は弱

くなってしまいます。適度な強度が求められる靴底にも用いられます。アクリロニトリル－ブタジエンゴムは、耐油性をもっており、石油ホースや耐油パッキンなどに用いられています。

●シリコーンゴム

シリコーンは、シリコンと酸素が交互に並んで鎖状に結合した有機高分子です。液状（シリコーン油）、ゴム状弾性を示すもの（シリコーンゴム）、樹脂状（シリコーン樹脂）などがあります。いずれも耐熱性、耐薬品性、撥水性、電気絶縁性、耐老化性にすぐれています。

●フッ素ゴム

フッ素ゴムは、フッ素を含む高分子からなる合成ゴムの総称です。ゴムのなかで最高の耐熱性があり、耐油性も優れています。加工性や反発弾性が劣り、非常に高価であるため、特殊用ゴムとして航空機・宇宙・自動車産業その他の工業の過酷な使用条件を必要とする分野でパッキング、オイルシール、燃料ホースなどに用いられています。

表2-6-1　主な合成ゴム

略称	名称	生産量や性質
SBR	スチレン・ブタジエンゴム	汎用ゴムのなかでもっとも多量に生産されている。
BR	ブタジエンゴム	他の合成ゴムと混合して使用することが多い。
IR	イソプレンゴム	天然ゴムとほとんど同じ性質を示す。
IIR	ブチルゴム	加硫ゴム製品は気体透過性が天然ゴムの10分の1と低く、反発弾性が低い。
CR	クロロプレンゴム	耐候性、耐油性、耐薬品性などが優れ、難燃性であり、ゴム糊としたときの接着力が強い。
NBR	アクリロニトリル・ブタジエンゴム	耐油性が高い。
FKM	フッ素ゴム	ゴムのなかで最高の耐熱性があり、耐油性も優れている。
Q	シリコーンゴム	低温でも弾性を示すので使用温度範囲が広い。

2-7 ケイ素樹脂（シリコーン樹脂）

●シリコンとシリコーンは同じ？

「コンピュータ」や「プリンタ」を「コンピューター」や「プリンター」と表記する場合があります。いわゆる表記揺れです。では、「シリコン」と「シリコーン」、この2つは同じものなのでしょうか？

名前は似ていますがシリコン（Silicon）とシリコーン（Silicone）は表記揺れではなく、別のものなのです。

●シリコン（Silicon）

シリコンとは元素の名称で、ケイ素のことを表しています。ケイ素は地球上では、酸素の次に多く存在する元素です。自然界では、酸化物（一酸化ケイ素や二酸化ケイ素）や珪酸塩などの化合物として存在しています。

また、シリコンはゲルマニウムとともに代表的な半導体の原料となります。特に、純度の高い単体結晶が半導体として利用されています。コンピュータの部品やIT関係で有名なシリコンバレーの名称は、半導体のシリコンがもとになっています。

●シリコーン（Silicone）

シリコーンとは、ケイ素化合物を主成分とする合成樹脂の総称です。シリコーン樹脂・ケイ素樹脂と呼ぶこともあります。ただし、シリコーン（Silicone）樹脂のことを一般的に「シリコン樹脂」や単に「シリコン」と呼ぶ場合もあるので、単体ケイ素のシリコン（Silicon）と混同しないよう注意が必要です。

シリコーンが液状になったものをシリコーン油、ゴム状で弾性を示すものをシリコーンゴム、樹脂状になったものをシリコーン樹脂

図2-7-1 シリコン（ケイ素）

といいます。

　シリコーンは耐熱・耐寒性・電気絶縁性・化学的安定性に富んでいます。油やグリース状の形態をとった場合は防水剤やワックスとして利用され、樹脂状になった場合は、塗料として利用されています。また、ゴム状の形態をとったシリコーンは、加工の容易さとその特性により、次の表のような様々な製品に使用されています。

　シリコーンには、さまざまな長所があるため、表で示したように様々な用途に使われるようになっています。ただし、一般的な汎用プラスチックに比べて高価なため、シリコーンの特徴が必要な用途に限って使われています。

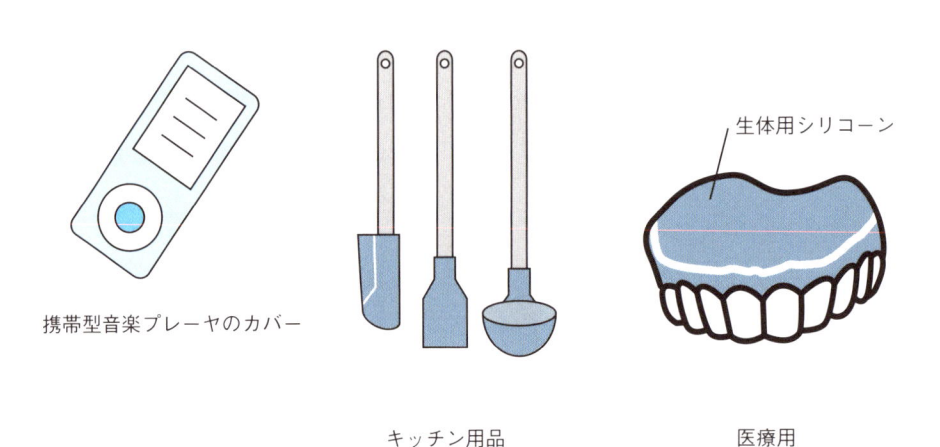

携帯型音楽プレーヤのカバー

キッチン用品

生体用シリコーン

医療用

表2-7-1　シリコーンの特徴と用途

性質	特徴	用途
耐熱	150度でも特性に変化ない	鍋敷き
耐寒	－60度でも特性に変化ない	パッキン、製氷皿
電気絶縁性	広い温度範囲で絶縁性を示す	絶縁グリース
はっ水性	長時間の浸水でも吸収は1％程度	シリコングリースオイル
化学安定性	酸などにおかされず化学的に安定	クッキング用カップ
色・におい	無色無臭。ガラスよりも透明	食品・医療用の各種成形品や光学製品
生理活性が低い	毒性が低い	医療用シリコンシート

2-8 フッ素樹脂

●「フッ素」とは？

フッ素とは、最も軽いハロゲン元素です。単体は、淡黄色の気体で特有の臭いがあります。また、反応性に富んでおり、猛毒のため、取り扱いには注意が必要です。

虫歯予防で使われている「フッ素」は、フッ素化合物（フッ化ナトリウム）の水溶液で、オゾン層に影響を与える「フロン」もフッ素化合物の一つです。

フッ素化合物とフッ素樹脂は、名前が似ていますが別のものです。

フッ素樹脂とは、フッ素原子を含む合成樹脂の総称です。フッ素樹脂には、「耐熱性（不燃性）、耐低温性、耐薬品性、はっ水・はっ油（水・油をはじく）性、耐摩耗性、電気絶縁性」などに優れているなどの性質があります。

●フッ素樹脂加工する理由は？

フッ素樹脂加工が一番身近なのは、フライパンではないでしょうか？

最近ではフライパンだけではなく、炊飯器の内釜などにも焦げつきを防ぐためフッ素樹脂加工がされるようになってきています。

フッ素樹脂加工をしたフライパンや炊飯器に食材がこびりつきにくい理由は、フッ素樹脂が現在合成されているさまざまな物質の中で最も摩擦係数が小さいからです。このため、フッ素樹脂コーティングのフライパンは水をよくはじき、水滴がするりと滑り落ちるのです。

最近ではフッ素樹脂加工を2層3層と重ねることで、強い耐摩耗性を持った製品もできており、フライパンや炊飯器の内釜など他、自動車や建物の外装などに利用されています。

●フッ素樹脂の性質の決め手は？

現在、さまざまな種類のフッ素樹脂が開発されています。その中で最も多いのは、ポリテトラフルオロエチレン$-(CF_2-CF_2)_n-$を使った製品です。

フッ素樹脂の性質は、フッ素原子と炭素原子の結合力の高さが原因となっ

表2-8-1 フッ素樹脂の名称と性質・用途

名称	特性	用途
PTFE （四フッ化エチレン樹脂ポリテトラフルオロエチレン）	耐燃焼性（適応温度−180〜260℃）、不溶性、電気絶縁性、粘着物質が付着しない、紫外線の影響も受けないなど優れた特性を持つが、切削でしか加工できない。	フライパンなどのコーティング、ホース、パッキン、ベアリング、ワッシャー絶縁材、断熱材、潤滑剤など
PFA PTFEとパーフルオロアルコキシエチレンの共重合体	PTFEと同様の優れた特性を持つことに加え、熱可塑性があるため溶融成形ができる。	半導体など
ETFE テトラフルオロエチレンとエチレンの共重合体	PTFE、PFAと同様の優れた特性を持ち、適応温度は−200〜180℃。透明度が高く、ガラスよりも採光率が高い。	スタジアムの屋根、各種工業製品の薄膜コーティング、農業用ビニールハウスなど
FEP （パーフルオロエチレン－プロペンコポリマー）	なめらかな被膜をつくることができ、ピンホールができにくい。耐薬品性、耐蝕性、非粘着性に優れている。耐熱温度は200℃。	電線被覆など

ています。

　フッ素は、全原子中の中で最も電気陰性度が高いので炭素原子と非常に硬く結合します。このため、一度結合すると化学的に解離したり、他の物質と結合したりしません。

　ポリテトラフルオロエチレン（PTFE）は切削加工を行うため、複雑な形に成形することが困難です。そこで、複雑な加工が必要なところには、溶融成形が可能なパーフルオロ樹脂などが使用されています。パーフルオロ樹脂は半導体など様々な分野に利用されています。

● **フッ素樹脂を使う際の注意点**

　ここまで紹介したように、フッ素樹脂加工には様々な優れた面があります。ところが、フッ素樹脂加工されたフライパンだからといって、どんな使い方をしても大丈夫というわけではありません。

　フッ素（ポリテトラフルオロエチレン）樹脂の耐熱温度は260℃、融点が327℃です。

　フライパンに食材を入れて加熱する通常の調理法では、フライパンの温度は200℃前後までしか上昇しません。ところが、フライパンに何も入れずに

加熱を続けると、フッ素樹脂の融点327℃を超えてしまうのです。そうなると、フッ素樹脂が溶けてはがれてしまいます。つまり、フッ素樹脂加工されたフライパンを使う場合、食材を入れずに加熱することは避けなければなりません。

フッ素樹脂加工をしていない鉄製のフライパンであれば、当然、327℃を超えて加熱を続けても大丈夫です。

●テフロンとフッ素樹脂は同じもの？

一般に販売されているフライパンに「テフロン加工」と表示されているものをよく目にします。

「テフロン」とは、米国デュポン社の製品名です。一般にはフッ素樹脂のことを「テフロン」と呼ぶこともありますが、セロハンテープのことを「セロテープ（製品名）」と呼んだり、シャープペンシルのことを「シャープペン（製品名）」と呼んだりするのと同じことなのです。以上のように、「テフロン」は正式名称ではないので、使う場合には注意が必要です。

●フッ素系樹脂の特性と主な用途

フッ素系樹脂の特性と主な用途をまとめると、次のようになります。

特性	主な用途
耐熱性 耐薬品性	フライパンなどのコーティング、化学プラントなどの配管、ライニングやパッキン類、リチウムイオン電池のセパレーターなど
耐燃焼性 絶縁性 低誘電性	電子機器の電線皮膜、光ファイバーケーブルの皮膜など
低摩擦性	機械部品（ベアリングなど）、潤滑剤など
非接着性	家庭用調理器具へのコーティング、コピー機などの部品同士が擦れ合う部分（摺動部）
耐紫外線性	構造物の外装材、ドームスタジアムの屋根建材、ビニールハウス用フィルム、屋外電線皮膜

フッ素樹脂は高価なので、上記のような他の材料が使えない特殊な用途に使われています。

2-9 高吸水性高分子

●紙おむつは当然、紙でできている？

紙おむつは紙でできているのでしょうか？ 名前に「紙」とついているので、小さい子どもなら紙でできていると勘違いしているかもしれません。ところが最近の紙おむつには紙は使われていません。紙おむつは高吸水性高分子（吸水性ポリマー）をやわらかいプラスチックの不織紙（ふしょくし）で包んで成型しています。不織紙は繊維に使われるポリエステルやアセテートなどでできており、ほとんど水を吸収しません。水を吸収するのは、中に入っている高吸水性高分子です。

●高吸水性高分子とは

高吸水性高分子（Superabsorbent Polymer）とは、目に見えない位の小さな網目構造を持ち、短時間で多量の水を吸収することができる高分子です。高吸水性高分子は自分の重さの500～1000倍の質量の水を吸収することができます。

高吸水性高分子が持つ小さな編目構造は、平面的なものではなく、立体的で図のように不規則なジャングルジムのような形をしています。ジャングル

図2-9-1 高吸水性分子のモデル

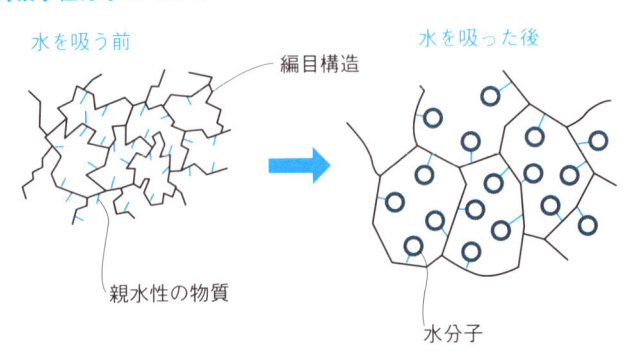

図2-9-2　高吸水性分子材

ジムの中には、親水性の物質（置換基）が入っており、水の分子が入るとその水分子を捕まえて離さないようにします。

水を捕まえた高吸水性高分子は図2-9-1のように、網目構造がのびてどんどんふくらむことで、さらに多くの水分子をジャングルジム状の編目構造に取り込みます。

●高吸水性高分子の構造式

ポリアクリル酸ナトリウム系の高分子は、アクリル酸を中和させ、ジャングルジム状のモノマーと共重合させて合成する高吸水性高分子です。図のジャングルジムの中に入っている親水性の物質（置換基）はカルボキシ基（carboxy group、−COOH）です。

水は高吸水性高分子との浸透圧の差によって吸収されます。ところが、水の中に陽イオンが存在すると浸透圧の差が小さくなり吸収力が低下します。このため、ナトリウムイオンを含む尿を吸収する場合の吸収力は水の場合よりも小さくなります。

図2-9-3　高吸水性高分子を利用した土壌保水材

●高吸水性高分子を利用した製品

高吸水性高分子は、多くの水を保持することができるので、植物の栽培に利用したり、芳香剤の容器に入れたりするなど様々な方面に利用されています。

また、高吸水性高分子の保水力を利用して乾燥地域の保水力をアップさせる利用方法も検討されています。

2・高分子・プラスチック材料、セラミックスの化学

2-10 鉄より強い高分子材料

●結晶化と高分子材料の強度

高分子材料は、もずくのようにそれぞれの分子がからみあっています。分子が平行に並んでいる部分を結晶部と呼び、分子がからみあって平行に並んでいない部分を非晶部と呼びます。高分子材料全体に占める結晶部の割合が多いほど強度が高くなります。通常のプラスチックでは結晶化している部分は50％以下になっています。

●鉄より強い高分子材料

先に紹介したように、高分子材料の強度を上げるには、結晶化の割合を上げていく必要があります。

例えば、ペットボトルのキャップや豆腐の容器などに使われているポリプロピレンであっても、結晶化の割合をほぼ100％にすることで、同じ重さで比べた場合、鋼鉄の2～5倍の引っ張り強度を持たせることができるようになります。また、結晶化の割合を高めると、強度が上がることに加えて透明度が高くなる、耐熱性が上がるなどの利点もあります。

●鉄より強い繊維

ナイロンはアメリカのデュポン社が1935年に開発した繊維で、「石炭と水と空気から作られ、鋼鉄よりも強く、クモの糸より細い」というキャッチフレーズのとおり、同じ重さであれば鋼鉄より

図2-10-1　高分子の構造（結晶部と非晶部）

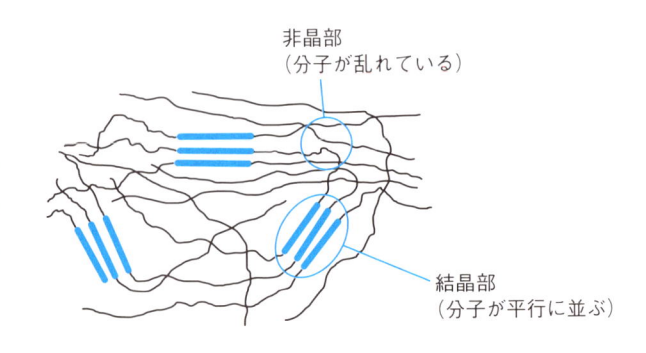

非晶部
（分子が乱れている）

結晶部
（分子が平行に並ぶ）

も強い繊維です。光沢感や手触りなどが絹に近いため、現在でも衣料品やインテリアなど様々な分野で使われています。ナイロンには多くの種類がありますが、一般的に流通しているのは、ナイロン6とナイロン66です。ナイロン66の方が丈夫で耐熱性も高いですが、手触りはナイロン6の方が柔らかいという違いがあります。このため、工業用にはナイロン66が衣料品にはナイロン6が多く使われています。

ナイロンと同じ仲間（ポリアミド系の合成繊維）のデュポン社のケブラーというアラミド繊維は鋼鉄の5倍、炭素繊維は鋼鉄の10倍の引っ張り強度があります。このため、防弾チョッキや航空機の補強材、タイヤの補強材などにも使われています。

ポリエステルはナイロンに次ぐ強度を持っており、現在最も多く生産されている合成繊維です。ポリエステルはナイロンよりも摩耗に強く、耐久性が高いという特徴があります。シワになりにくく、丈夫で型崩れしにくいため、衣料品などに使われています。フリース素材などもポリエステルが使われています。

その他、ナノテクノロジーによりつくられたカーボンナノチューブは炭素原子をチューブ状に結合させた素材で、軽量で強度・柔軟性・電気や熱の伝導性が高いというお特徴があります。カーボンナノチューブは鋼鉄の20倍の引っ張り強度を持っています。

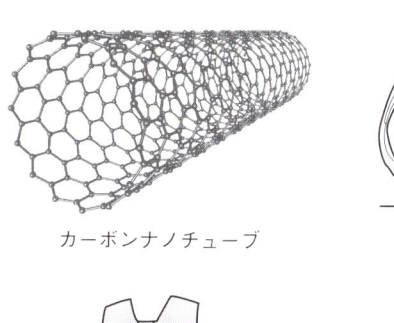

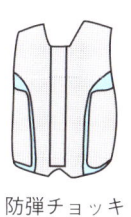

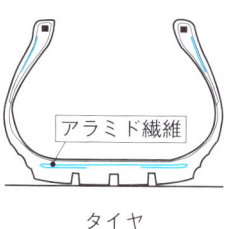

カーボンナノチューブ

タイヤ
アラミド繊維

防弾チョッキ

2-11 光に感ずる高分子材料

●光を受けると固まる

　光を受けると硬化する高分子材料を光硬化性樹脂といいます。光硬化性樹脂は、一般に分子内に二重結合を持っています。この高分子に光を当てると（紫外線に反応することが多い）、異なる分子間で二重結合が架橋反応します。

　架橋反応とは、図のように、二つの分子間に橋を架けるように結合することです。架橋反応によって、いくつかの高分子が鎖のように結合すると、重合度が大きくなり分子量も大きくなります。その結果として、硬化して不溶性となります。架橋構造ができると、強度も高く、加熱しても変形しなくなります。

　光硬化性樹脂と似たような高分子に熱硬化性樹脂があります。光硬化性樹脂が光で架橋構造を作るのと同じように、熱で架橋構造をつくるのです。

図2-11-1　光化学反応の例

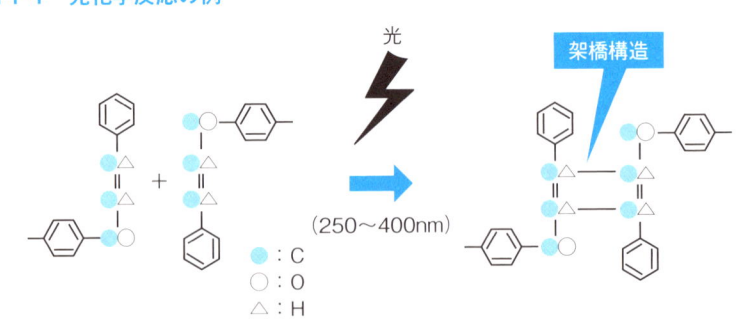

●光硬化性樹脂の利用法

　光硬化性樹脂は、歯の治療、雑誌などの印刷、集積回路などの基板の製造などに利用されています。

●虫歯の治療に使われる

　光硬化性樹脂を虫歯の治療に使う場合には、温めてやわらかくした樹脂を

図2-11-2 ネイルアート

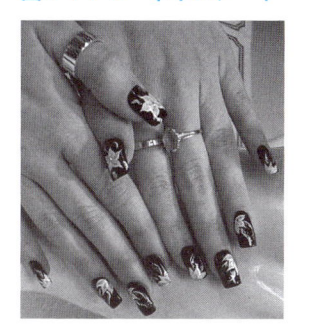

虫歯につめます。柔らかい樹脂は、虫歯の穴の形に変形し、ぴったりと収まります。その後、この樹脂に紫外線を照射すると、架橋構造をつくり硬くなります。同じ原理で、虫歯の治療だけでなく、さまざまなひび割れの補修などにも使われています。

● ネイルアートで利用される

爪にさまざまな装飾をほどこすネイルアートにも、光硬化性樹脂が使われています。さまざまな色をした水あめ状の光硬化性樹脂を爪に塗り、UVライトを使って紫外線を当てて樹脂を固めるのです。光硬化性樹脂を使うことにより、「塗料を乾かす時間を短縮できる」「においがしない」などの便利な点があります。

● 印刷で利用されている

金属基盤の上に光硬化性樹脂を塗り、その上に、写真のネガフィルムを置きます。ここに紫外線を当てると、ネガフィルムの有色部分は、紫外線を通さないため、透明な部分だけを紫外線が通り抜けて光硬化性樹脂にあたります。

光の当たった部分だけが架橋構造ができて硬くなるので、基盤を洗浄して溶剤で腐食させると、光のあたった部分だけが残ります。インクをつけて印刷すると、ネガフィルムの透明な部分だけが黒く印刷されることになります。

図2-11-3 印刷での光硬化樹脂

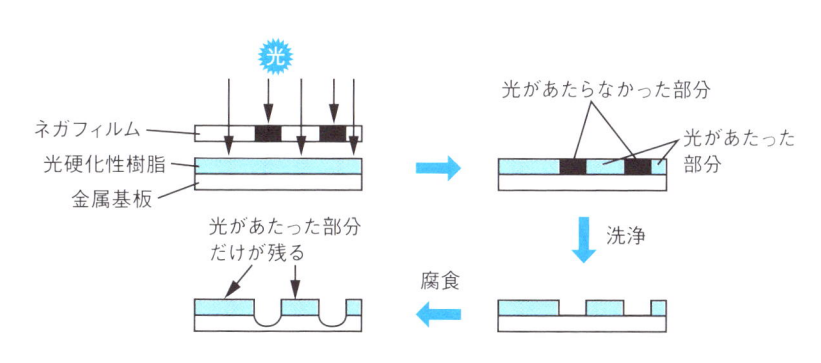

2-12 石油の化学(1)
―石油の成分―

●石油の成因

石油はどうやってできたのでしょうか？

この問いに対して、これまで「生物起源説」と「非生物起源説」が唱えられてきました。「生物起源説」は生物の遺骸が原因、「非生物起源説」は地殻変動などで地下に取り込まれた炭化水素などが原因という説です。

近年では石油の起源は「生物起源説」にほぼ収束してきました。その中で有力な説とされているのが「ケロジェン起源説」です。

ケロジェンとは、堆積岩に含まれている「有機溶媒に溶けない有機物の総称」のことです。「ケロジェン起源説」では、生物の遺骸が堆積して化石となったケロジェンが熱と圧力を受けて石油（液体の炭化水素）になるとしています。

できた石油は、地下の圧力を受けて上へ移動していきます。そして油を通さない層で貯まり、石油鉱床となります。石油鉱床では、砂岩や石灰岩などの隙間に石油が貯まっています。

石油が貯まっている砂岩や石灰岩を貯留岩、油を通さない層を帽岩といいます。また、石油鉱床のことを油井と呼ぶ場合もあります。

図2-12-1　石油の成因

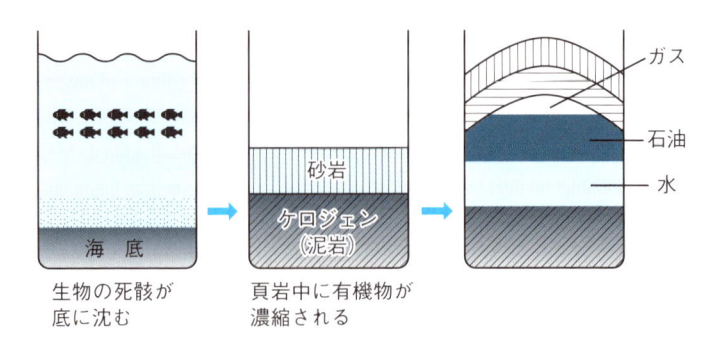

図2-12-2　石油の分溜装置と成分

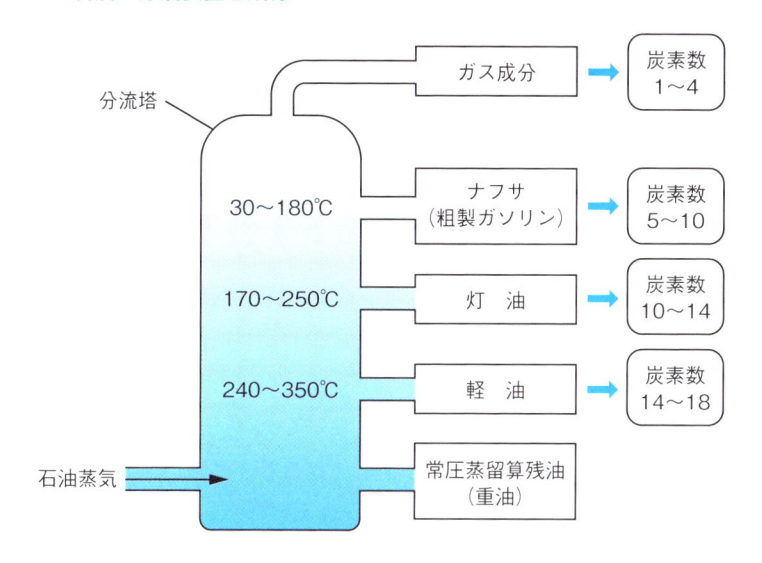

```
分流塔
                ┌─ ガス成分 ─→ 炭素数 1～4
   30～180℃ ──┤
                └─ ナフサ（粗製ガソリン） ─→ 炭素数 5～10
   170～250℃ ── 灯油 ─→ 炭素数 10～14
   240～350℃ ── 軽油 ─→ 炭素数 14～18
石油蒸気 → 　　　 常圧蒸留算残油（重油）
```

●石油と原油は違うもの？

　一般には、石油鉱床からくみ出したままの石油（土や泥を含んだもの）を原油ということが多いようです。ただし、業界や分野によっては、原油のことを石油といったり、灯油やガソリンなどの石油製品そのものを石油といったり、石油製品を総称して石油ということもあります。その業界、その分野に応じた使い方をします。

●石油の成分

　石油の中には、様々な有機化合物が含まれています。それぞれの有機化合物の沸点の差を利用して、各種成分に分けることを分留や精留といいます。

　図の右側には、石油の成分と沸点、炭素原子数をまとめています。石油の分子構造は基本的に枝分かれをしていない炭化水素です。このため、分子に含まれる炭素原子数が少ないほど（分子が短いほど）沸点が低く、炭素原子数が多いほど（分子が長いほど）沸点が高くなります。

　常圧蒸留残油はさらに重油・パラフィン・ポリエチレンに分けることができます。

2-13 石油の化学(2)
—クラッキングとリホーミング—

●石油は連産品

原油を精製すると、ナフサや軽油、灯油などができあがります。ただし、それぞれの成分は、とれた原油によって一定の割合しか精製することができません。このように、一つの製品を産出しようとすると、他の製品が一つ以上産出されるようなものを連産品と呼びます。

石油は連産品のため、ある特性の成分だけをたくさん精製することができません。精製される石油の成分の割合は、掘り出した原油の組成によって決まります。

●需要と供給のバランス

石油製品で需要が最も多いのはガソリンです。ガソリンは需要も多く価格も高いため、利益率が高い石油製品です。ところが、石油は連産品のためガソリンだけを多くつくることはできません。多くのガソリンを精製しようとすると、需要の少ない重油や灯油などの他の石油製品もできてしまうのです。

図2-13-1 原油からは一定の比率の製品しかできない

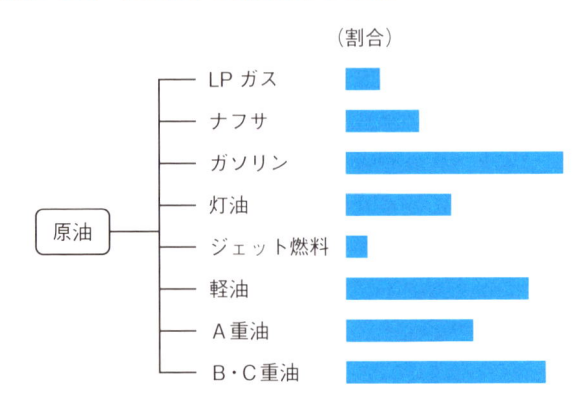

原油
- LPガス
- ナフサ
- ガソリン
- 灯油
- ジェット燃料
- 軽油
- A重油
- B・C重油

（割合）

●クラッキングでガソリンをつくる

　クラッキングとは文字通り石油の成分を砕くことです。具体的には、分子量が大きく沸点の高い重油を分解することによって、分子量が小さく沸点の低いガソリンなどを精製する手法です。需要の少ない重油からガソリンを精製することができるため、クラッキングを行う装置は石油精製工場にとって重要な設備です。クラッキングは接触分解（catalytic cracking）とも呼ばれ、触媒の作用によって分解をします。

●ガソリンはブレンド品

　ガソリンは一般的にガソリンエンジンなどに使用されるため、「始動性が良い」「ある程度揮発性が良い」「ノッキング*をおこさない」など様々な特性を持たせる必要があります。このため、ガソリンは、精製されたものをそのまま使うのではなく、様々な石油製品をブレンドすることで、色々な特性をもたせているのです。

●改質でガソリンをつくる

　ノッキングの起こりにくさを示す尺度をオクタン価といいます。オクタン価の高いガソリンほどノッキングがおこりにくくなります。ガソリンのオクタン価を高めるためには、オクタン価の高い芳香族などを多く含ませます。

　一般にガソリンなどの炭化水素の組成や性質を改良することをリフォーミング（改質）といいます。もっと限定的に、リフォーミングを「ナフサなどを構成している炭化水素からオクタン価の高い芳香族（ベンゼン環を構造にもつ仲間）などをつくること」を示す場合も多いです。リフォーミングによってできた芳香族などをガソリンに加えることで、オクタン価の高いガソリンをつくっています。

＊ノッキングとは、エンジンの燃焼火花が届く前に、ガソリンが自然発火（異常燃焼）してしまうことです。ノッキングは、出力低下の原因やエンジンを傷つける原因となります。

2・高分子・プラスチック材料、セラミックスの化学

2-14 強さが魅力の複合材料

●混ぜて長所を伸ばす

材料には、種類によってそれぞれ長所と短所があります。複合材料は、2つ以上の材料を混ぜ合わせることによって、さまざまな特性を生み出すことを目指して作られます。一般的に、複合材料は材料の短所を押さえ、長所を伸ばすことを目指して使われています。

複合材料にはさまざまな種類がありますが、よく使われているものに繊維強化プラスチック（FRP：Fiber Reinforced Plastics）があります。繊維強化プラスチックは、その名の通り繊維をプラスチックで固めてつくります。繊維を固めるプラスチックのことをマトリックスと呼びます。

●強度が増す

もとの繊維に比べ、プラスチックで固めるとどの程度強度ますのかを示したのが次の表です。ガラス繊維・炭素繊維はFRPにすることでそれぞれ

図2-14-1　繊維強化プラスチック

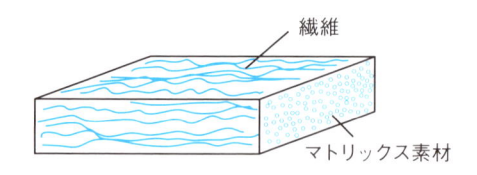

表2-14-1　繊維単体と引っ張り強度（GPa）

	ガラス繊維	炭素繊維	アラミド繊維	高強度ポリエチレン
繊維単体	2.7	3.5	3.6	2.5
繊維強化プラスチック（FRP）	39	49	29	7.9

図2-14-2　多くのものに複合材料が使用されている

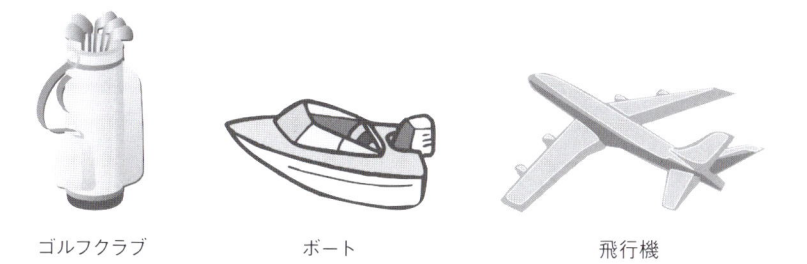

ゴルフクラブ　　　　ボート　　　　　　飛行機

強度が10倍以上になっていることがわかります。

●炭素繊維素材には弾力性もある

　FRPの一つである炭素繊維素材（カーボンファイバー）は軽くて丈夫という性質に加え弾力性もあるため、レジャー用の釣り竿、スキーの板、ゴルフのシャフトなどに使用されています。

　炭素繊維素材が持つ弾力性は、炭素繊維を構成しているグラファイトの構造に原因があります。

　炭素繊維は小さなグラファイトの結晶が集まってできています。グラファイトの単結晶は非常に薄く、図のように平面内に炭素原子が正六角形状に等間隔に並んだ構造をしています。

　グラファイトの結晶面上の炭素原子は強く結びついていますが、それぞれの結晶面は弱く結びついています。このため、グラファイトは結晶方向に強く、結晶面が層になった方向には弱いという性質があります。このグラファイトがたくさんつながって炭素繊維がつくられているので、炭素繊維は「繊維方向に丈夫で、結晶面が層になった方向には弾力性があるのです。

図2-14-3　グラファイトの結晶面構造

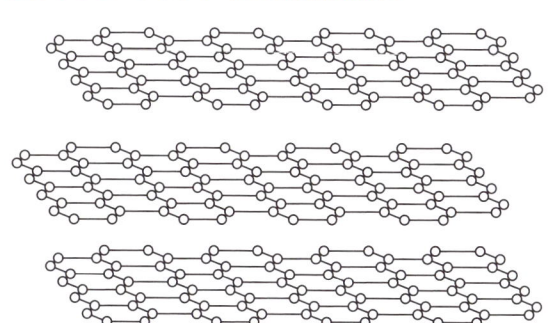

2-15 セラミックスとファインセラミックス

●伝統的なセラミックス

　セラミックスとは、原料を加熱処理にして焼き固めた無機固体材料のことで、一般に陶磁器全般をさすことが多いです。セラミックスとしてはケイ素の化合物としての二酸化ケイ素やケイ酸塩、ガラス、セメント、陶磁器などがあります。

　セラミックスには、耐熱性、耐食性や電気絶縁性などに優れているという長所がありますが、「硬いがもろい」という欠点もあります。

　「硬いがもろい」という例には、鉄を焼き入れ加工した鋼（はがね）があります。金切り用のノコギリの歯に使われている鋼は金属を切るため非常に硬いのですが、曲げるとすぐに折れてしまいます。それに対して木材用のノコギリの歯（鉄）は、金切り用の歯に比べて柔らかいので曲げても簡単には折れません。

●先端技術で開発されたファイセラミックス

　ファインセラミックスとは、先端技術によって開発された新しいセラミックスのことです。ニューセラミックスと呼ぶこともあります。

　ファインセラミックスは、ケイ酸塩以外の金属酸化物や炭化物、窒化物などの高純度の原料を用いることによって、セラミックスの「硬いがもろい」という欠点を補うことをめざして作られました。また、欠点を補うだけでなく新たな性質を付加することで、電子機器の部品や各種工業製品として、また、その他先端技術を支える様々な分野で利用されるようになりました。例えば、スペースシャトルの外壁には大気圏に突入する際に発生する熱に耐えるような特性を持った酸化アルミニウムを主成分としたファインセラミックスが張られています。

図2-15-1　任務完了後大気圏に突入し着陸するスペースシャトル（NASA/Linda Perry）

表2-15-1　ファインセラミックスの機能による分類

セラミックス名	機能	使用例
エンジニアリングセラミックス	耐摩耗、耐熱	切削器具
エレクトロニクスセラミックス	絶縁、誘電	絶縁体、半導体
オプトセラミックス	光学的機能	透過性
バイオセラミックス	生体適合機能	人工骨
超電導セラミックス	超電導機能	超電導素子、材料

表2-15-2　ファイセラミックスの代表的な材料

材料	主な特徴
アルミナ	耐熱、硬度、耐薬品性、絶縁性
ジルコニア	破壊靭性が高い
窒化アルミニウム	熱伝導性が高い
窒化ケイ素	耐摩耗性、機械強度が高い
炭化ケイ素	耐火性

2-16 電流を流すセラミックス
―エレクトロセラミックス―

●エレクトロセラミックスとは？

　一般的に、セラミックスとはケイ素の化合物としての二酸化ケイ素やケイ酸塩、ガラス、セメント、陶磁器などを指しています。一方、エレクトロセラミックスとは、セラミックスに別の原料を加えるなどして絶縁性、誘電性などの電磁気的機能を持たせたセラミックスのことで、絶縁体や半導体、永久磁石などに使われています。例えば、高純度の酸化アルミニウムを焼き固めたセラミックスは高い絶縁性を示すため、IC基板などに使用されています。また、チタン酸バリウムは誘電率が大きいので、キャパシタ（コンデンサ）の材料として使われています。

　以上のように、エレクトロセラミックスはセラミックスに電磁気的な性質を持たせたもので、それ自体に電流を流すことはできませんでした。

●セメントが電流を流す？

　セラミックスの一つであるセメントは、絶縁体のため電流を流しません。ところが、東京工業大学細野・神谷研究室は、酸化カルシウム（石灰）と酸化アルミニウムから構成されている透明な絶縁体を水素を流しながら炉で焼くことで、電気を流すセメントができあがることを発見しました。

　この物質の結晶構造はかご状をしています。通常は電気を流さないのですが、水素中で焼くことで中のイオンが置き換わり、「X線や紫外線を当てると電流が流れるセメント」となるのです。現在では、イオンではなく直接電子を入れることで、金属のように電流を流すことができるようになっています。

●電流を流すセラミックスの可能性

　電流を流すセラミックスには、X線や紫外線を照射すると簡単に電流が流れるようになるといった特徴や、薄い膜の状態だと無色透明であるといった

図2-16-1 透明な電子回路をつくることができる（東京工業大学細野・神谷研究室）

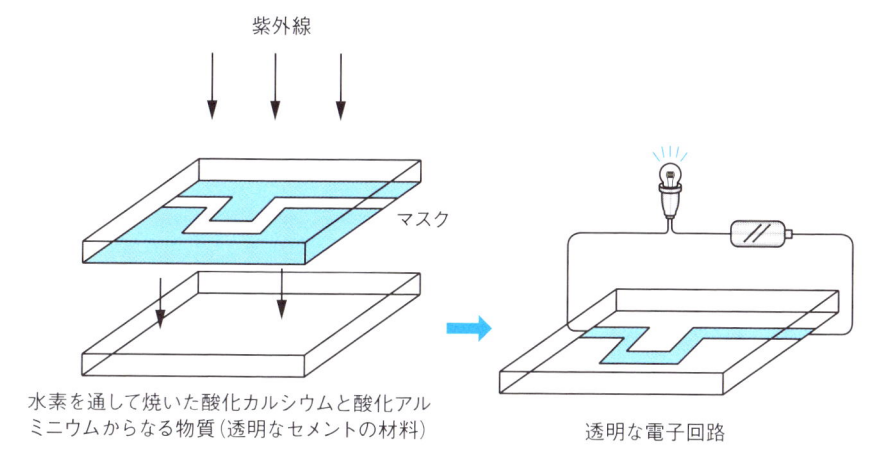

紫外線

マスク

水素を通して焼いた酸化カルシウムと酸化アルミニウムからなる物質（透明なセメントの材料）

透明な電子回路

特徴があります。

　このような特徴を持つセラミックスの利用には、どのような可能性があるのでしょうか。

　今後、液晶ディスプレーに電流を流すセラミックスを使うことができるのではないか考えられています。実は、液晶ディスプレーはもともと透明な薄い膜に電流を流すことで透明な膜に色をつけるようなしくみになっています。現在の液晶ディスプレーにはインジウムという金属が使われています。インジウムは透明で電導性があるのですが、いわゆるレアメタルの一種であり、希少で高価な金属です。このインジウムをセラミックスに置き換えることで、低コストで液晶ディスプレーを作ることができないかと考えられています。

2-17 いろいろなガラス

　窓ガラスやガラス製の食器など、私たちの生活の中ではガラスを使った製品を目にすることがよくあります。このガラス、実はとても不思議な材料です。通常、固体の中の分子や原子は規則正しく並んでいる（結晶化している）のですが、ガラスでは規則的に並んでいません（結晶化していない）。これはむしろ液体に近い状態です。でも、あの外観・手触りですから、専門家でもない限り固体と言ってもいいでしょう。詳しく言うとガラスは『非晶質の固体』です。

●成分による分類

　ガラスは、ケイ砂というシリカ（化学式は SiO_2）を主成分とする白色の粉末に数種類の元素（主に金属酸化物）を加え、ドロドロに溶解するまで加熱し急冷して作ります。急冷するのは、原料成分が結晶化するのを防ぐためです。上述の通り、ガラスは結晶化していないことがひとつの大きな特徴です。表に、代表的なガラスとそれに含まれる元素および性質を示しました。

　ステンドグラスやベネチアングラスなど装飾用ガラスにはさまざまな色がついています。ガラスに色をつけるには、ガラスの構成成分にさらに、色を

表2-17-1　代表的なガラス

分類名	主な成分	特徴	主な用途
ソーダ石灰ガラス	シリカ、酸化ナトリウム、酸化カルシウム、酸化カリウム	最も一般的に使われている。	窓ガラス、ビン、食器
鉛ガラス	シリカ、酸化カリウム、酸化鉛	屈折率が大きく、加工によってキラキラ光る。	高級食器、装飾品
ホウケイ酸ガラス	シリカ、ホウ酸、酸化ナトリウム、酸化カリウム、酸化アルミニウム	化学的に安定。熱膨張率が小さい。	実験器具、耐熱ガラス
石英ガラス	シリカ	融点が高い。化学的に安定。熱膨張率が小さい。透明度が高い。	光ファイバー、実験器具

出すための金属を添加します。例えば、コバルトを加えると青に、マンガンを加えると紫色になります。また、金属の種類だけでなく、量や添加方法を変えることよって多様な色を作り出しています。

●機能による分類

- 多孔質ガラス……たくさんの穴（細孔）があるガラスです。細孔径はナノメートルからマイクロメートルの間で調節できます。細孔のサイズを調節し分離膜として利用したり、1グラム当たりの表面積が大きいので、触媒材料の基材として使われます。
- 導電性ガラス……ガラス自体が電気を通すもののほか、普通のガラスに導電性の膜を塗ったものもあります。くもり止めガラスや太陽電池などの電極材料として使われます。
- フォトクロミックガラス……紫外線が当たると着色し、なくなると元に戻ります。サングラスをはじめ、窓ガラスなどに使われます。

これら以外にも、防弾ガラスや断熱ガラスなど、用途や目的に応じて他の部材と組み合わせて使われるガラスもあります。

●ガラスのリサイクル

ビール瓶、牛乳瓶など、洗浄してそのまま再使用されるガラスは年々減少しています。一方、回収されたガラスを細かく砕き、再び加熱溶融して再生ガラスを作る処理が増えています。しかし、違う色のガラスをそのまま混ぜて処理すると、そのガラスに含まれている金属元素も混ざってしまうため再生ガラスの品質が揃いません。ところが、ガラスに添加された金属元素はなかなか外に出てくれず、取り除くのは困難です。

そこで、色ガラスにホウ酸を加えて加熱し、ガラス成分と金属成分を容易に分離する技術が開発されました。この技術を使えば、どんな色のガラスも無色のガラスにリサイクルでき、また、金属成分が抜けた空隙に別の機能、例えば蛍光を出すような成分を加えれば、廃ガラスからより価値の高いガラスを作ることもできます。

2-18 木材と紙の化学

●木材の化学

木は、セルロース約50％、ヘミセルロース約30％、リグニン約20％からできています。セルロースは、ブドウ糖が繊維状につながった天然の高分子で、紙のほか紐など繊維としての利用がほとんどです。ヘミセルロースは、物質の名前ではなくセルロースと似た分子構造を持ちながら性質が違うものの総称です。『ヘミ』は、半分という意味です。

リグニンは、フェノールという物質を基本骨格とした網目構造を持ついろいろな天然高分子の混ざりもので、セルロースやヘミセルロースに絡みつき、木の細胞を固定する接着剤のような働きがあります。またリグニンには、水、酸素、光に対して安定、つまり分解されにくいという性質があります。平安時代の木造建築物が今でも残っているのは、リグニンの安定性に加え、リグニンを分解できる生物が自然界にはほとんどいないためです。

●木の成分を紙以外に利用する

近年、廃木材などは『バイオマス』として注目され、カーボンニュートラルな燃料として使われる他、資源として利用する研究が進められています。以下に一例を示します。

- セルロース……水とともに高速で正面衝突させてナノレベルの繊維にし、既存のプラスチックに混ぜると、品質をほとんど変えないまま、石油資源の使用量を減らすことができます。
- ヘミセルロース……酵素を作用させて糖類に変換した後、アルコールなどを作ります。
- リグニン……構成成分であるフェノール骨格が樹脂原料として利用できます。しかし、上述の通りリグニンは分解されにくいため、強い酸や熱を加えて処理しなければなりません。そうすると、肝心のフェノール骨格まで分解されてしまいます。そこで、超臨界状態の水や光化学反応を利用して分解する方法が開発されました。これらは、酸の廃液処理が不

図2-18-1　セルロースもデンプンもブドウ糖からできている

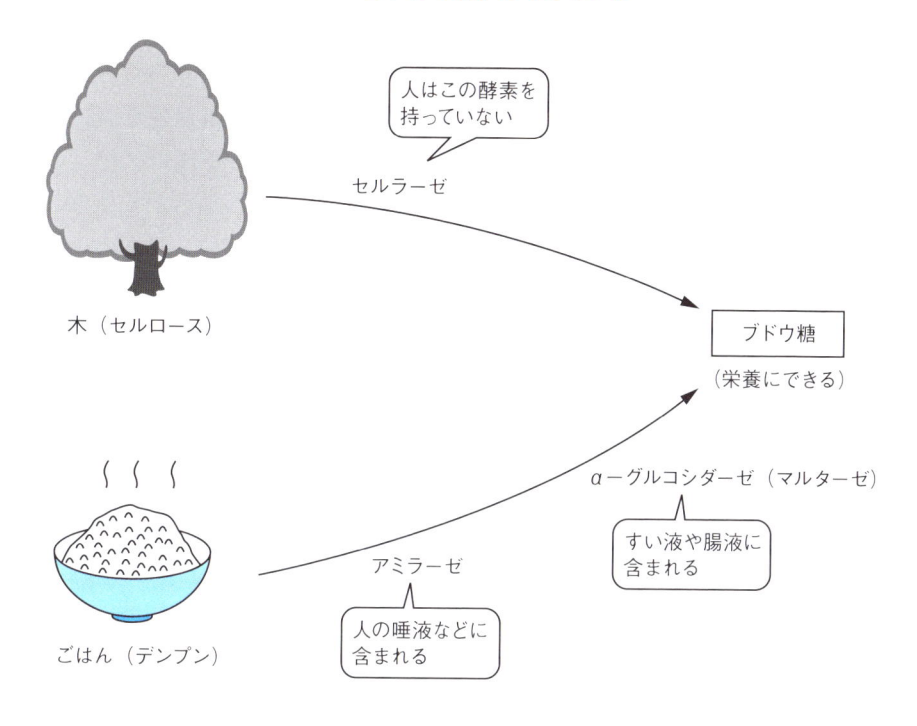

木（セルロース）
人はこの酵素を持っていない
セルラーゼ
ブドウ糖（栄養にできる）
α-グルコシダーゼ（マルターゼ）
すい液や腸液に含まれる
ごはん（デンプン）
アミラーゼ
人の唾液などに含まれる

要で、また、フェノール骨格を壊さずに分解できるので、有用成分を効率よく取り出せます。

ところで、デンプンもセルロースもブドウ糖がつながってできた天然の高分子ですが、ヒトはセルロースを消化する酵素（セルラーゼ）を持っていないため、セルロースを食べても栄養にできません。実は、ウシやヤギなどの草食動物もヒトと同じくセルラーゼを持っていません。これらの動物は、セルラーゼを持つ微生物を胃に寄生させて、その微生物の働きでセルロースをブドウ糖に変えてもらっているのです。将来、ヒトが進化して、あるいはバイオテクノロジーの研究が進み、木や紙（セルロース）を食べられる日が来るかもしれませんね。

●紙の化学

　紙は、今から二千年以上前に中国で発明され改良を重ねながら世界中に広まりました。日本書紀によると、製紙技術は7世紀ごろ朝鮮半島を経由して日本に伝わったと記されています。日本古来の紙である和紙は、楮（こうぞ）や三椏（みつまた）など長くて強いセルロースを含む原料から作られているため、一般的な洋紙（上質紙）よりも耐久性があります。日本の紙幣には和紙が使われていて、外国の紙幣と比べると和紙の品質の高さが実感できます。

●木から紙へ

　紙の原料となるパルプの主成分はセルロースで、木から以下の工程で作られます。まず、樹皮を取り除いて細かく砕いた木片に水酸化ナトリウムなどの強アルカリ性の薬品を加えて水で煮ます（蒸解）。すると、黒い溶液（黒液）と固形分ができます。次に、黒液を漉し分け、残った固形分からごみなどを取り除き、最後に漂白剤を加えて脱色したものがパルプです（化学パルプ）。収量は重量比で約50％ですが、純度はほぼ100％です。黒液にはヘミセルロース、リグニンといったセルロース以外の成分が溶け込んでいて、水分を蒸発させた後、紙を作る際に必要な熱源の燃料として使われます。後に残った灰から薬品成分が回収され、再び蒸解に利用されます。

　一方、薬品を使わず機械的な処理だけでパルプを取り出す方法もあります

図2-18-2　木材チップからパルプができるまで

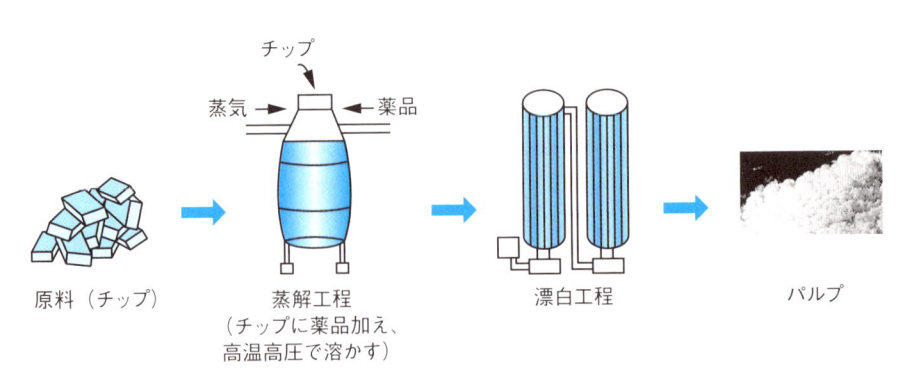

原料（チップ）　→　蒸解工程（チップに薬品加え、高温高圧で溶かす）　→　漂白工程　→　パルプ

（機械パルプ）。この方法は、低コストでパルプ量も多いですが（収量：70〜80％）、セルロースの純度が低い（60〜70％）ため紙の質が悪くなります。

セルロースは水に溶けませんから、パルプに水を加えるとセルロースが水の中を漂った状態になります。このように、固体が液体に溶けずに濁ることを懸濁（けんだく）といいます。セルロースの懸濁水を型に流し入れ、薄くならして水分を取り除けば紙ができます。

図2-18-3　酸性紙の劣化

（東京都立中央図書館提供）

●酸性紙と中性紙

紙の基本的な作り方は上記の通りで、そこへ滲（にじ）み防止剤を加えます。かつては、滲み防止剤と一緒に硫酸アルミニウムを使っていました（酸性紙）。ところが、硫酸アルミニウムは空気中の水分と反応して硫酸を生じ紙を劣化させます。劣化が進んだ紙は、手で触れるだけでボロボロに崩れてしまうほどです（図2-18-3）。

そこで、硫酸アルミニウムを使わない新しい滲み防止剤が開発されました。それを使った紙を中性紙と呼んでいます。このとき、添加剤として炭酸カルシウムも使われるようになりました。炭酸カルシウムは白い粉末で、水に溶けるとアルカリ性を示すので、たとえ酸がやってきても中和して紙の劣化を防ぐことができます。さらに、紙の白さを強調させることもできます。

●紙のリサイクル

ところで、紙と言えばリサイクルを思い浮かべる人も多いでしょう。しかし、一口に紙のリサイクルといっても、私たちが考えているほど簡単ではありません。紙によって使われている繊維の種類が異なり、また段ボールと雑誌では再生のための処理方法も違うため、紙もきちんと分別しなければなりません。われわれのちょっとしたひと手間が、リサイクルをよりスムーズに進めるカギになります。

第3章

食品・農業の化学

　私たちが生きていくために最低限必要なものは、空気、水、食べ物です。そのうちの食べ物のもとは、植物が光合成でつくった糖、タンパク質、脂肪などです。その植物を動物が食べて動物の体をつくります。動物を食べる動物もいます。人類は、自然界の植物や動物を品種改良し、栽培・飼育することによって作物や家畜などを肥大生産させ、それをそのまま、あるいは加工して利用する農業を発展させました。ここでは、食品に関する化学と技術、農薬や肥料などの化学をみていきましょう。

3-1 植物と光合成の化学（植物工場）

　私たちの食卓に彩りを添える野菜や果物は、なくてはならない存在です。ところで、野菜や果物には「旬」といわれる美味しく食べられる時期があります。例えば、ホウレンソウは春蒔きであれば3月に種を蒔くと3カ月後の6月に収穫することができるので、6月頃が「旬」です。言い換えれば「旬」を除くと美味しく食べられないばかりか、収穫することもできないわけです。

　そこで、1年中安定して食卓においしい野菜が届けられるような工夫が必要です。この工夫の一つに、北海道や高原などの寒冷地で栽培し収穫の時期をずらすハウス栽培を利用するなどが行われてきました。中でも、もっとも先進的な取組が植物工場です。

●植物の光合成

　植物は、光のエネルギーを利用して、おもに葉の葉緑体という粒（クロロフィルという緑色の色素をふくむ粒）で、二酸化炭素と水を材料にして炭水化物（ブドウ糖・デンプン）を合成しています。このとき酸素もできます。このような植物の働きを光合成といいます。

　光合成は、植物が光のエネルギーを使って、水と二酸化炭素から、有機物と酸素をつくる反応です。光のエネルギーを、有機物という物質のなかに封じ込めているともいえます。さまざまな代謝を通して光合成でできたものからタンパク質や脂肪もつくられます。

●光の制御

　太陽光は290〜400 nmの紫外線、400〜700 nmの可視光線、そして700〜3000 nmの赤外線に大別されます。とくに可視光線は植物にとっても重要な光で、光合成のエネルギー源です。光を受けとるものはクロロフィル（葉緑素）と呼ばれ、もっとも吸収する波長によって種類がクロロフィルaやクロロフィルbと呼ばれます。高等植物のクロロフィルaは663 nmと432 nm、クロロフィルbは653 nmと467 nmをもっとも吸収します。ともに赤およ

図3-1-1　光合成

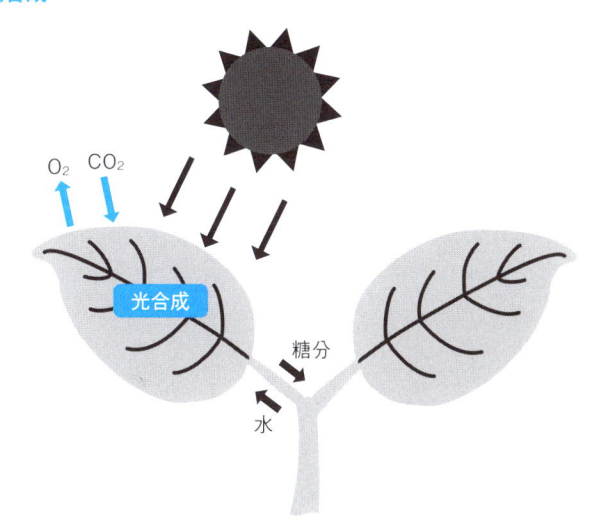

び青の光を多く吸収し、緑の光はあまり吸収しません。つまり緑の光は反射したり、透過しています。そのために葉が緑色に見えます。

●植物工場で野菜の栽培

　野菜は畑で栽培されるものでしたが、都会の地下やビルの中でも、太陽の代わりになる光源があれば作ることができます。それが野菜工場です。

　植物工場では、主に葉物であるグリーンリーフ、サラダ菜、リーフレタス、パセリ、サンチェやイチゴ、トマトなどが栽培されています。そして通常は1年1回か2回しか収穫できないものが、10回も収穫できています。

　植物工場では、太陽光に替わるものとして人工栽培や補助光源に以前は白色蛍光灯が使われていましたが、最近は電力コストや波長の最適化のためにLEDライトが使われています（クロロフィルa、bには青色LEDが最適）。

●植物工場の管理

　植物工場には、温室のように太陽光を利用するものと、閉鎖環境にし、太陽光を使わずに環境を制御する完全人工型があります。そして完全人工型の植物工場では、光はもちろん、空調機器で温度、湿度を制御し、作物に最適

図3-1-2　クロロフィルの吸収スペクトル

クロロフィルa　クロロフィルb

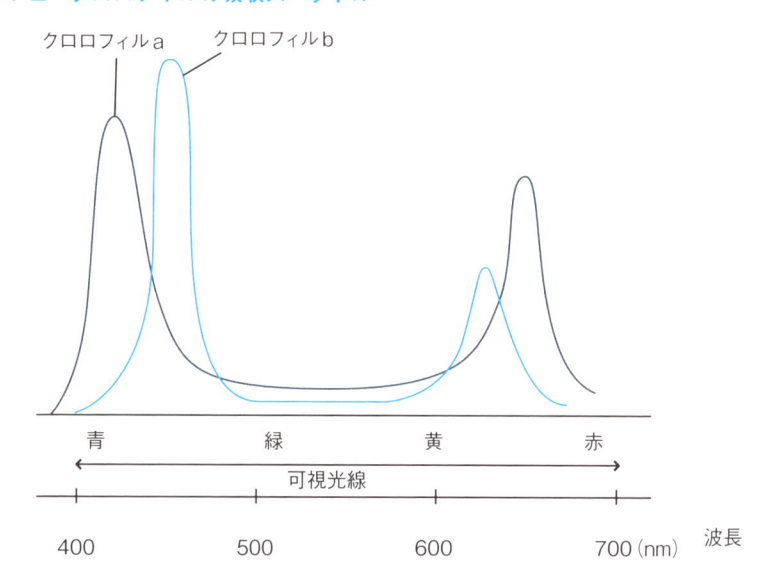

青　緑　黄　赤
可視光線
400　500　600　700 (nm)　波長

図3-1-3　植物工場

（写真：株式会社みらい）

な環境を作り出します。建物の外観も大きな倉庫のようになっており、働く人の服装も食品工場で見かけるクリーンルーム用のウェアです。

　そして水分、養分を根から効率よく吸収させるために、有機人工土壌や土を使わない水耕栽培がおこなわれ、虫や細菌の発生を抑えています。

●メリット

　植物工場は初期投資が大きく、小規模農家には参入が難しいため、農業法人、企業が参入しているのが実態ですが、省力化が容易で農業従事者の若返りが期待されています。また、気候に左右されずに生産管理しているので、露地物の値段が高騰しても、野菜を安定に供給できます。そして、空気、水、土のいずれも汚染されず、虫食いもない安全安心な野菜として人気です。

3-2 食品工場の衛生管理

　食品は子供から老人まで口にするものなので、とくに安全、安心に心がけることは必須です。

　食品工場における品質管理では、農薬を含めた異物混入の確認も大事ですが、衛生管理が大変重要です。そしてもっとも配慮しなければならないのは、食中毒を起こさないことです。

●食中毒の原因

　食中毒は原因により4つに大別されます。
(1) 細菌が作り出す体外毒素（エンテロトキシン）による細菌性食中毒
(2) ウイルスが直接に胃腸に働きかけるウイルス性食中毒
(3) 食品あるいは食品原料に本来含まれていない有害化学物質を摂取することによって発生する化学性食中毒
(4) キノコ毒やフグ毒のような自然毒食中毒

●細菌を制御する

　食中毒を防ぐには原因菌を付けない、増やさない、取り除くことが必須です。それには食材、調理器具、製造にかかわる人間、製造環境のいずれにおいても細菌の付着、増殖等を防ぐ手段を講じます。

●殺菌法

　一般的に用いられる煮沸、熱湯消毒法のように加熱することが基本です。温度は、必ずしも100℃ではなく、42℃から180℃まで広い範囲です。食品のように水を含むもの、栄養素、タンパク質のように熱に弱いもの、熱によって風味を失うものなど、用途によって殺菌温度と殺菌時間を使い分けます。

　オゾン、電磁波、圧力、放射線、エチレンオキサイドガスなども殺菌効果があるため、用途に応じて使い分けます。とくにエタノールは酒精と呼ばれ、昔から消毒に使われています。

表3-2-1 基本的な管理（微生物は細菌以外にカビ、酵母なども含みます）

項目	管理内容
殺菌	微生物を死滅させること。温度、圧力あるいは紫外線、ガンマ線などの電磁波、薬理作用により、微生物を破壊あるいはタンパク質、DNAの破壊、機能不全を引き起こし死に至らせること。
滅菌	容器内や特定の場所において、すべての微生物すなわち有害、無害を問わず、殺すか除菌した状態にすること。完全な無菌状態にすること。オーブンを使った乾熱滅菌法、高圧蒸気滅菌法などが使われる。胞子、胞芽なども死滅させるために時間を置き滅菌を繰り返すこともある。
消毒	人畜に有害な微生物または目的の微生物のみ殺菌すること。滅菌のような無菌状態にはならないで、害にならない程度まで減らすこと。消毒剤の利用が一般的。

表3-2-2 食品管理以外に使われる用語

用語	意味
静菌	微生物の増殖を薬剤があるときだけ阻止すること。
抗菌	微生物の増殖を阻止すること。静菌と殺菌を含む。対象を細菌のみとしています。そのためJIS規格の抗菌仕様製品では、かび、黒ずみ、ヌメリは効果の対象外とされている。
除菌	微生物を物理的に分別して取り除くこと。手洗い、ろ過。

●衛生管理でよく登場する用語

●HACCP（ハサップ、Hazard Analysis and Critical Control Point）

　従来の食品の安全性確保は、製造する環境を清潔にすれば安全な食品が製造できるであろうとの考え、製造環境の整備や衛生の確保に重点が置かれてきました。これに対してHACCPは、これらの考え方ややり方に加え、原料の入荷から製造・出荷までのすべての工程において、あらかじめ危害を予測し、その危害を防止（予防、消滅、許容レベルまでの減少）するための重要管理点を特定して、そのポイントを継続的に監視・記録し、異常が認められたらすぐに対策を取り解決する国際的な管理システムです。

●ISO22000

　ISO22000は「食品安全マネジメントシステム - フードチェーンに関わる組織に対する要求事項」の国際標準規格です。製造と流通、販売を併せて一元管理する品質管理ステムです。

3-3 糖

●糖とは

糖は食物として体内に取り入れられ、エネルギー源になります。例えば、穀物に含まれるデンプンはブドウ糖まで分解され細胞内のミトコンドリアでエネルギーに変換されます。

また、人工甘味料とともに、食品の製造、医薬品や工業原料にも使われています。

●単糖

医学で言う血糖や糖尿が指す糖は、ブドウ糖（グルコース）です。そのためブドウ糖は点滴液などの医薬品としても用いられています。お菓子作りにもブドウ糖はよく使われています。そして果糖（フルクトース）は、名前のとおりにブドウ糖と共に果物の甘味になっています。また、果糖の甘味はブドウ糖や砂糖よりも強いのです。意外かもしれませんが、核酸（DNA、RNA）やATPの成分であるデオキシリボース、リボースも単糖の仲間です。

●二糖類

単糖が2つ結合すると二糖類ができ、単糖の組み合わせで様々な二糖類ができます。身近な砂糖（ショ糖、スクロース）は、トウキビや砂糖大根（テンサイ）のしぼり汁を煮詰めた甘味料です。精製の度合いや形状によって、黒砂糖、三温糖、和三盆、白糖、グラニュー糖、氷砂糖などがありますが、化学的な主成分はすべてショ糖です。

麦芽糖（マルトース）は、デンプンを糖化（酵素分解）して得られるもので水飴の主成分です。乳糖（ラクトース）は牛乳などに含まれ、この糖を分解する酵素（ラクターゼ）の不足（乳糖不耐症）は、牛乳を飲むとお腹の調子が悪くなる原因の一つになります。

●身近な糖

　例えば、パンを作るときに砂糖を入れる理由は、1)甘み、2)酵母の発酵のための栄養、3)焼き色を付ける、4)日持ちをよくする、です。砂糖の優等生ぶりがわかります。また、砂糖は保湿性があるために食品以外に化粧品などにも加えられることもあります。

　果物の甘みである糖は様々です。果糖が主要な果物はリンゴ、日本ナシ、ビワなどで、ブドウ糖が多い果物はオオトウ、ウメなどです。ショ糖が多い果物は温州ミカン、バレンシア・オレンジ、グレープフルーツ、ナツミカン、カキ、モモ、スモモ、バナナ、パイナップルなどがあります。また、ブドウ糖と果糖がほぼ等量な果実には、ブドウ、イチゴなどがあります。そして、ソルビトールはオオトウ、リンゴ、日本ナシに含まれます。

●多糖類

　多糖類は単糖が数百から数千もつながったもので、ブドウ糖がつながったものには、デンプン、セルロース、グリコーゲンがあります。単糖のN－アセチルグルコサミンとグルコサミンからは節足動物や甲殻類の外殻のキチン、マンノースとグルコースからはこんにゃくマンナンなどが作られます。

　デンプンは植物の代表的な貯蔵多糖で、穀物、イモ類の主成分として人類のエネルギー源になっています。グルコースが直鎖状につながったアミロースと枝分かれしながらつながったアミロペクチンから出来ており、うるち米にはアミロースが約20％含まれるのに対し、もち米では全てアミロペクチンのため粘りが強くなります。セルロースは植物の構造多糖で、デンプンとブドウ糖の構造と糖間の結合様式の違いがあるために、ヒトはβ－アミラーゼを持たないため、消化分解し栄養にすることができません。

　一方、動物の貯蔵多糖はグリコーゲンで、肝臓と筋肉に顆粒状に存在します（お菓子のグリコの語源です）。キチン、マンナンも同様で、このような消化できない糖を繊維質と呼ぶことがあります。

図3-3-1　さとうきび

3-4 脂肪

●脂肪とは

脂肪は動植物由来のエネルギー貯蔵物質の1つです。脂質と区別なく使われることもありますが、一般的に動物の皮下脂肪や脂を指すことが多いです。そのため、脂肪がイメージするものは、食肉に含まれる白い脂肪や肥満における体脂肪でしょう。また、油脂のうち常温で液体のものを油と呼ぶことに対して、固体のものを脂肪と区別するのですが、栄養学では両方とも植物性脂肪というため、戸惑うことがあります。

●脂肪は皮下脂肪に

脂肪は化学的に中性脂肪（トリアシルグルセロール、TC）とも言われ、グリセリン（グリセロール）と3分子の脂肪酸がエステル結合したものです。ステアリン酸、パルミチン酸などの脂肪酸が多く使われています。

この中性脂肪がエネルギーとして使われるときは、消化液（胃液、膵液）に含まれる酵素（リパーゼ）によって加水分解されます。そして脂肪酸はさらに分解を受け、ブドウ糖の約10倍のエネルギーを生み出します。また、余分な脂肪は体の中に皮下脂肪や内臓脂肪の形で貯蔵されます。つまり、エネルギーの貯金を脂肪の形でしているのです。

●食用油脂

もっとも家庭で使われている油脂はてんぷら油でしょう。食用植物油が用いられ、ダイズ油、ナタネ油、米ぬか油、ゴマ油、綿実油、トウモロコシ油、ツバキ油、オリーブオイルなどと豊富な種類があります。油によって含まれている脂肪酸の種類や比率が異なります。

動物性の油脂のラード（豚脂）及びヘット（牛脂）も料理でよく用いられています。牛乳に含まれる脂肪分は乳脂肪と呼ばれ、牛乳には約3から4％含まれ、小さな粒状になっています。牛乳が白く見えるのは、乳脂肪やカゼ

図3-4-1　中性脂肪はグリセリンに脂肪酸が３分子ついたもの

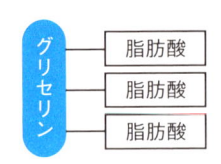

インタンパク質の小さな粒が光を散乱させているためです。また、牛乳から乳脂肪分を調整した低脂肪乳などが作られ、乳脂肪分を除去し、乾燥するとスキムミルクになります。そしてこの乳脂肪分を固めたものがバターになります。なお、マーガリンは植物性の油脂から出来ています。

●油脂の酸化

　油脂は長時間空気と接触したり、高温で加熱されたりすると酸化が進みます。酸化によって色調の変化、不快臭の発生、有害物質の生成などが起こります。

　脂肪酸には主に植物由来の脂肪酸もあり、とくにリノール酸、リノレン酸、アラキドン酸は必須脂肪酸と呼ばれ、健康のために主に植物油から摂取することがすすめられています。また、エイコサペンタエン酸（EPA）、ドコサヘキサエン酸（DHA）などはイワシ、サバに含まれ、動脈硬化の予防に効果があると言われています。逆に植物油を加工したマーガリンなどに含まれるトランス脂肪酸は心臓疾患のリスクを高めるため、これの利用を規制する動きが外食産業などであります。

3-5 アミノ酸とタンパク質

　グルタミン酸（正しくはグルタミン酸ナトリウム）は調味料、システインはシャンプーとアミノ酸の名前を耳にすることが多くなり、最近はアミノ酸飲料もよく見かけるようになってきました。

●アミノ酸とは？

　アミノ酸の語源はその構造にあり、アルカリ性のアミノ基（$-NH_2$）と酸性のカルボキシ基（$-COOH$）を併せ持っていることからです。また、ヒドロキシプロリンはコラーゲンやエラスチン中に含まれるアミノ酸ですが、20種に加えません。

●必須アミノ酸

　タンパク質を構成している20種類＊のアミノ酸のうち、体内で合成することができないアミノ酸のことを必須アミノ酸と呼び、食べ物から摂取しなければなりません。イソロイシン・ロイシン・バリン・リジン・スレオニン・トリプトファン・メチオニン・フェニールアラニン・ヒスチジンの9種類です。動物によってはアルギニン、グリシン、タウリンが必須アミノ酸に加えられます。

●アミノ酸からタンパク質へ

　わずか20種類のアミノ酸が長く鎖状につながり、3大栄養素の1つのタンパク質を構成しています（表3-5-1）。結合したアミノ酸の数が少ないものはペプチドと呼ばれ、多くなるとタンパク質（プロテイン）と呼ばれます。細胞内では、DNAの遺伝情報をもとに20種類のアミノ酸の内から適切なものをつないでいきます。タンパク質は基本的には鎖状ですが、システイン同士

＊アミノ酸の数：タンパク質を構成するアミノ酸には22種類（上記以外にセレノシステインとピロリシン）だが、直接に遺伝情報（コドン）に暗号化されているものは20種。

表3-5-1 アミノ酸の名称と略記法

名称	略記法	名称	略記法
メチオニン*	Met	セリン	Ser
アラニン	Ara	スレオニン*	Thr
バリン*	Val	チロシン	Tyr
ロイシン*	Leu	アスパラギン	Asn
イソロイシン*	Ile	グルタミン	Gln
プロリン	Pro	アスパラギン酸	Asp
フェニルアラニン*	Phe	グルタミン酸	Glu
トリプトファン*	Trp	リジン*	Lys
システイン	Cys	アルギニン	Arg
グリシン	Gly	ヒスチジン*	His

（＊は必須アミノ酸）

が内部で橋渡し（ジスルフィド結合）を形成することがあります。とくに髪の毛や爪を作るケラチンというタンパク質に多くあり、髪の毛を焦がすとイオウの臭いがするのは、多く含まれるシステインのためです。

●タンパク質

　タンパク質はアミノ酸の並びによって個性ある形になっています。髪の毛のケラチンや関節や皮膚のケラチンは細長い形をしていますが、多くは球状に近い形です。腱、軟骨などを構成するタンパク質の一つにコラーゲンがあります。ゼラチンの原料でもあり、化粧品や医薬品に利用されているタンパク質です。これはグリシンが並びの3つごとに繰り返され、全体がひも状になって、さらにこのひもが3本より合わさって長い繊維を作っています。このようにタンパク質が組織を作るもとになっているほか、酵素として様々な反応に関わっています。

　例えば、消化酵素のアミラーゼ、トリプシン、キモトリプシン、呼吸酵素のシトクロムと細胞には酵素が数千種類あります。また、血液中の酵素は肝疾患、心疾患などの診断に役立っています。

3-6 ビタミンとミネラル

　私たちの体内では様々な化学反応が酵素によって起こっています。酵素の中には単独で働くことができず、ビタミンと呼ばれる物質の働きの補助があってはじめて働くものがあります。こうしたビタミンは微量でも重要な栄養素であるのに、体の中ではほとんど作ることのできないため、私たちは食品から取り入れています。

●ビタミンの種類、分類

　ビタミンの名称は物質名に由来するのでなく、発見された順番です。最初に卵黄脂肪から見つけられたものをビタミンA、次に米ヌカからビタミンB、そして壊血病予防成分をビタミンCと名づけられました。ちなみにビタミンCの化学名はアスコルビン酸（Ascorbic acid）と言い、壊血病（scorbutic）に対する因子と意味です。

　ビタミンには水溶性のものと脂溶性のものがあります。水溶性のものは、B_1、B_2、ナイアシン、パントテン酸、B_6、B_{12}、C、ビオチン、葉酸があり、脂溶性のものにはA、D、E、Kがあります。定義に当てはまらないものもあり、ビタミン様物質と呼ばれます。

●欠乏症、過剰症

　ビタミンが欠乏すると特定の酵素の働きが悪くなり、さまざまな症状が見られます。それらを欠乏症と呼び、その多くはビタミンを補給すれば症状がおさまります。一方で、過剰なビタミンは排泄されると長く言われていましたが、とくに脂溶性ビタミン（A、D、E、K）の多くは体内に蓄積しやすく過剰症を引き起こします。最近、サプリメントブームから過剰症の報告例が増えてきました。

●ミネラル

　ナトリウム、カリウム、カルシウム、マグネシウム、リン、硫黄、マグネ

表3-6-1　ビタミンの欠乏症と過剰症

ビタミン名	欠乏症	過剰症
ビタミンA	夜盲症、皮膚乾燥、眼球乾燥症、視力低下、角膜軟化症	頭痛、吐き気、皮膚乾燥、関節痛、肝臓肥大、食欲不振
ビタミンB_1	脚気、ウェルニッケ脳症	
ビタミンB_2	口角炎、口唇炎、口内炎、舌炎	
ナイアシン	ペラグラ（皮膚炎、下痢、痴呆）	皮膚の紅潮、頭痛、吐き気
パントテン酸	四肢のしびれ感、足の灼熱感	
ビタミンB_6	貧血、多発性末梢神経炎、脂漏性皮膚炎、口角炎	皮膚の紅潮
葉酸	巨赤芽球性貧血、下痢	亜鉛の吸収阻害
ビオチン	乾癬、アトピー性皮膚炎	
ビタミンB_{12}	巨赤芽球性貧血	
ビタミンC	壊血病（小児はメラー・バロウ病）	尿路結石、（血液検査阻害）
ビタミンD	くる病、骨軟化症、骨粗鬆症	高カルシウム血症、腎結石
ビタミンE	溶血性貧血	頭痛、疲労、吐き気
ビタミンK	出血傾向、新生児メレナ	貧血、吐き気、血圧低下

シウム、鉄、フッ素、ケイ素、亜鉛、マンガン、銅、セレン、ヨウ素、モリブデン、コバルト、クロム、塩化物イオンとヒトが求めるミネラルは非常に多様です。

　ナトリウムイオン、カリウムイオン、塩化物イオン等は体液、血液に多く含まれ、細胞膜の電位形成、神経パルスに関係します。そのため、血中のナトリウムイオンとカリウムイオンのバランスが崩れると心拍が停止します。カルシウムとリンは骨の成分として欠かせないものです。また、カルシウムイオンは筋肉の収縮にも関係します。リンはDNA、RNAの構成に欠かせないばかりか、ATPというエネルギー物質の材料にも必須です。さらにこのリン酸が酵素の制御もします。硫黄はアミノ酸のうちメチオニンとシステインに含まれ、とくに髪の毛、皮膚のタンパク質のケラチンを作ります。ヨウ素は甲状腺ホルモンに含まれるために、原子力発電所の事故による放射性ヨウ素による甲状腺障害が心配されています。活性酸素除去酵素には銅、亜鉛、鉄、マンガンが含まれ、物質の酸化を防いでいます。

3-7 発酵技術（酵素の力）

　発酵は微生物を利用して食品や医薬品を製造することです。昔は微生物に関する科学知識が少なく経験に基づき発酵食品を製造していました。現在は、より高度な技術で生産管理し、よりよい味を求めるとはもちろん、経済的で安全、安心な製造をおこなっています。

●日本酒ができるまで

　世界中で飲まれている酒類は作り方により、発酵酒（醸造酒）、蒸留酒、混成酒に大別されます。発酵酒にはワイン、ビール、清酒、紹興酒などがあります。基本的には糖類に微生物を加えてアルコールを製造します。図は日本酒の製造工程を示したものです。原料のコメにコウジを加えコメを糖化し、次にその糖から酵母によってアルコールを生産します。ところで、日本酒の山廃酛（もと）は、雑菌を防ぐための乳酸添加をしない代わりに、硝酸還元菌、乳酸菌が順次、酒酵母のための環境作りをしてくれます。

　日本酒で使われるコウジ（アスペルギルス・オリゼ）は、酵素（α-アミラーゼ、グルコアミラーゼ、酸性プロテアーゼ）を出し、コメを糖化します。ちなみに泡盛にはアスペルギルス・アワモリ、焼酎にはアスペルギルス・カワチという独自のコウジが使われ、味に差が生まれます。

●微生物と酵素

　ワイン、ビールでも酵母が利用されています。ビールの種類は多く、黒ビールのように色、アルコール、エキスの濃いものを作る上面発酵ビールにはサッカロミセス・セルビシエが使用されます。これに対し切れ味のいい下面発酵ビールはサッカロミセス・ウバルムという酵母が主に使われます。

　チーズ、ヨーグルトなどの乳製品の製造には乳酸菌が用いられます（表）。多くのバターは新鮮なクリームから作られますが、伝統的な製法では乳酸菌を利用した発酵バターがあります。乳酸菌は名前のとおり乳酸を作る働きがあり、周辺環境を酸性にして雑菌の成長を妨げます。また、酸によってタン

図3-7-1　日本酒の製造工程

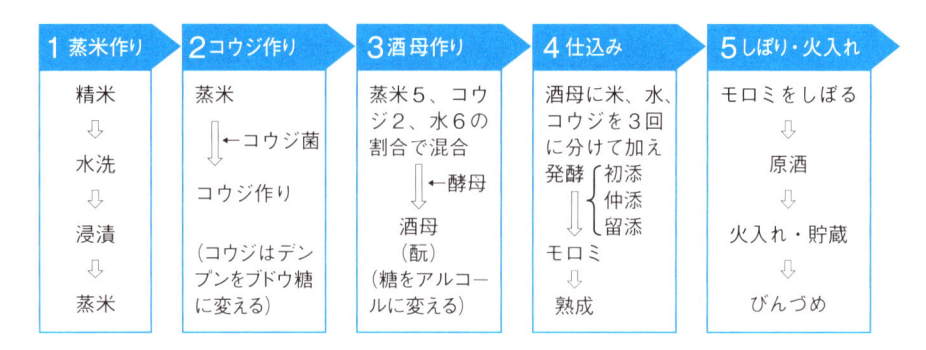

1 蒸米作り	2 コウジ作り	3 酒母作り	4 仕込み	5 しぼり・火入れ
精米 ⇩ 水洗 ⇩ 浸漬 ⇩ 蒸米	蒸米 ⇩←コウジ菌 コウジ作り （コウジはデンプンをブドウ糖に変える）	蒸米5、コウジ2、水6の割合で混合 ⇩←酵母 酒母（酛） （糖をアルコールに変える）	酒母に米、水、コウジを3回に分けて加え発酵｛初添／仲添／留添｝ ⇩ モロミ ⇩ 熟成	モロミをしぼる ⇩ 原酒 ⇩ 火入れ・貯蔵 ⇩ びんづめ

表3-7-1　乳酸菌と食品

乳酸菌の種類	利用される食品
ラクトバシラス属（Lactobacillus）	バター、チーズ、ヨーグルト、漬物
ビフィドバクテリウム属（Bifidobacterium）（ビフィズス菌）	乳酸菌飲料
エンテロコッカス属（Enterococcus）	整腸剤
ラクトコッカス属（Lactococcus）	乳酸菌飲料
ペディオコッカス属（Pediococcus）	醤油、味噌、加工肉
ロイコノストック属（Leuconostoc）	バター、チーズ

パク質を変性させます。

●安全な発酵技術

　微生物は飲用エタノール以外にもブタノール、グリセンリン、クエン酸、グルコン酸、リンゴ酸、アミノ酸などの医用、食用の様々な物質を発酵法で作り出しています。実は、多くの化学物質は工業的合成法で作る方がコストを低くできるのですが、医用、食用など安全性が求められているときは微生物発酵法が使われます。

3-8 乾燥技術

　食品から水分を取り除けば長期保存できることを、人類は古代から経験的に身につけてきました。現在、食品乾燥の目的は、
(1)保存性及び輸送性の向上
(2)利用時の簡便性
(3)新食品素材、新食品の開発
とはるかに広いもので、とくにインスタント食品の発展に貢献してきました。
　乾燥された食品例には、米、麺類、小麦粉、お茶、コーヒー、乳製品、寒天、塩蔵品、魚介類、肉、味噌、デンプンなど非常に多品種に及びます。

●乾燥方法

　乾燥方法には、(1)天日・自然乾燥　(2)送風乾燥　(3)除湿空気乾燥　(4)熱風乾燥　(5)噴霧乾燥　(6)間接加熱乾燥　(7)真空減圧乾燥　(8)遠赤外線加熱乾燥　(9)マイクロ波加熱乾燥　(10)凍結乾燥　(11)太陽熱利用乾燥　(12)フライ乾燥　(13)吸着乾燥　(14)膨化乾燥　(15)過熱水蒸気乾燥があります。
　多くは常圧で、常温または高温で乾燥させる方法です。特別なものは、高温、高圧で乾燥させる膨化乾燥法と低温、低圧にする凍結乾燥です。
　例えば、豆腐、麺類、海苔は天日・自然乾燥され、穀物は熱風乾燥、粉乳、エキスなどは噴霧乾燥（スプレードライ）、麺類はフライ乾燥、インスタントコーヒーや野菜に凍結乾燥（フリーズドライ）が用いられています。代表的なものを解説します。

図3-8-1　乾燥食品例（インスタントコーヒー）

表3-8-1　乾燥技術の分類

温度	低圧	常圧	高圧
高温		熱風乾燥、過熱水蒸気乾燥、マイクロ波加熱乾燥、遠赤外線加熱乾燥	膨化乾燥
常温	真空減圧乾燥	天日・自然乾燥、送風乾燥、除湿空気乾燥、噴霧乾燥、吸着乾燥	
低温	凍結乾燥		

●熱による乾燥、遠赤外線等

　この方法は、装置の大きさ、形状などを自由に設計できるだけでなく、原理が簡単でコストを低くすることができます。乾燥時の熱によって、食品成分を意図的に変化させ、新たな風味を引き出すこともあります。しかし、熱で食品中の水分を素早く蒸発させることができる一方、熱による変性や味の劣化もあります。

●噴霧乾燥（スプレードライ）

　熱によって傷みやすい医薬品や食品を金属の小さなノズルから噴き出し、熱風中に細かな霧状の粒にして乾燥させるものです。この方法は連続生産性・大量生産性に長けており、製品ロスも少ないためコストを安価にすることができます。また液体の蒸発により温度が奪われるため、製品の温度は50℃以下に抑えられています。例としては粉末状のインスタントコーヒーです。

●凍結乾燥（フリーズドライ）

　水分を含んだ食品や食品原料を低温で急速に凍結させ、真空状態で水分を蒸発させるものです。特徴は、1)乾燥による形状の変化が少ない、2)ビタミンなどの栄養成分の品質低下や風味の変化が少ない、3)多孔質で水分などが侵入しやすく、復元性、溶解性が優れている、4)常温で長期保存ができる、5)水分を含まないために軽量になり、運搬性に優れているなどが挙げられます。とくにインスタント食品の野菜、肉、卵、スープなどの具材は凍結乾燥によって作られています。また、軍用、宇宙食、登山の野外食などに活用されることが新しく、医用分野にも導入されています。

3-9 抽出の技術

　コーヒー豆、茶葉に湯を注いでコーヒーやお茶をいれる。この「いれる」は抽出のことです。粉末や葉に含まれる成分を湯という溶媒に溶かしこんで得ることです。抽出を実は毎日のようにキッチンで行っていますね。ここで、注目したいものは溶媒そして抽出された液体の方です。この液体から粉末コーヒーを作りたいときは、コーヒー豆から抽出したコーヒーをスプレードライやフリーズドライ等の方法で乾燥します。

●天然成分の抽出

　茶葉の種類によって湯の温度を変えることがあります。熱湯を注ぐほうじ茶、80℃まで冷まして注ぐ煎茶、湯気がかすかに上がる50℃の湯を注ぐ玉露、時には水出しなどの方法もあります。なぜ抽出の際に湯の温度を変えるのでしょうか？　高温では渋味の成分のカテキンが、低温ではうま味成分のテアニンが抽出されます。つまり湯温を変えることで茶の味に違いが生まれます。

　茶の例に見られるように、同じ溶媒でも、溶かし出す操作には温度条件や抽出時間などの因子が加わります。大きな装置になると、撹拌の仕方、固体と液体の比率、装置の形や、pH、圧力（減圧、加圧）という条件が加わることがあります。家庭においても、よりおいしいお茶、コーヒーなどをいれるときに、様々な工夫が見られます。

●加圧抽出（絞る）

　コーヒーをいれるとき、ふつうはドリッパーを使います。つまり、湯を常圧でゆっくりと注ぎます。ところが、9気圧の圧力と約90℃の湯温で20から25秒の短い抽出時間で入れるのがエスプレッソです。つまり、圧力を上げれば短時間で抽出できるのです。

図3-9-1　エスプレッソ

図3-9-2　分液ロート

● **液液抽出**

　液体にとけている成分を取り出す方法の1つに液液抽出があります。水溶液に溶けていても物質によっては水よりも油などにずっと溶けやすいものがあります。このような物質では、溶液に有機溶媒を加えて、強く撹拌することで、その物質を水層から有機溶媒層に移動させることができます。このとき撹拌とその後の分離には、コックのついた分液ロート（図）を実験室では用います。

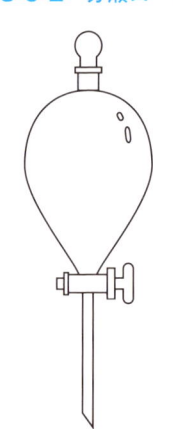

● **蒸留**

　蒸留という言葉は純水を意味する蒸留水、石油製品の分留操作や焼酎、ウイスキーなどの蒸留酒などに使われます。必要な成分と他の成分を沸点の違いにより分けることです。最近はバイオマスを発酵させバイオエタノールを取り出す際に利用されています。

● **超臨界抽出**

　物質の温度と圧力を上げていくと、ある温度（臨界点）を超えると物質は気体と液体の区別がつかない状態（両方の性質を持つよう）になります。このとき、物質の状態を超臨界流体といいます。二酸化炭素は31℃、7.3 MPa（メガパスカル）を超えると超臨界状態になり、食品成分の抽出に用いることができます。例としては、豆からのビタミンEを、魚油からEPA（エイコサペンタエン酸）を選択的に抽出する有用成分の効率的な精製や、マヨネーズに含まれるコレステロールを低くするためのコレステロールの抽出などができます。

3-10 腐敗と防腐剤

　食品はいずれ腐るものです。消費者が買った食品をすぐに使いきるとは限らず、製造後に消費されるまである程度の時間があります。そこで、品質を保持するため、しっかりした衛生管理のもとで製造することはもちろん、必要に応じて防腐剤が添加されます（「食品添加物」の項を参照）。

●発酵と腐敗

　発酵と腐敗のいずれも微生物が関与した変化です。発酵では糖類が分解されて乳酸やアルコールを生成、タンパク質を分解してアミノ酸を生成します。一方、腐敗では糖類が分解されて酢酸、乳酸、酪酸などの酸が、アミノ酸から硫化水素、アンモニアなどの有臭物質がつくられます。ところが、独特の匂いがするブルーチーズ、くさや、納豆、なれ寿司、シュールストレミングを美味と称賛する人がいれば、腐った食品と口にしない人もいます。

　そこで嗜好に関係なく、人の役に立ち食べ物を作る助けをする微生物の働きを発酵と呼び、人の健康に害を及ぼすほどに食品を分解する微生物の働きを腐敗と呼びます。これらは人の価値判断で区別する言葉です。

●腐敗物質

　アミノ酸からは有毒なアンモニアが生じ、腐敗臭のもとになります。アミノ酸のうちトリプトファンが分解されると便臭のスカトールに、硫黄を持つシステインが分解されるとガス臭のメルカプタンに、ヒスチジンからヒスタミンというアレルギー反応の介在物質が作られます。このような物質は有害である一方、人に腐敗していることを臭気で知らせる役目もあります。

●防腐剤

　腐敗は微生物の働きによるものですから、微生物が全くいないと腐敗が起こりません。そのための操作は殺菌、消毒、滅菌です。防腐剤は微生物の侵入、生育、増殖を防ぎ、微生物の持つ酵素活性を抑えるものです。

図3-10-1　真空包装

　食肉の発色剤として添加される亜硝酸塩、硝酸塩は、食中毒の原因となるボツリヌス菌の増殖を抑制します。安息香酸ナトリウムも抗菌作用があり、食品中に残留しても、比較的安全で使用が認められています。これに反して強い防腐作用のあるタール物質は、発がん性が報告されているため、食品等口に入るもの、触れるもの以外でのみ使用が認められています。例えば、木材は食品に比べるとずっと時間がかかりますが腐朽菌によって腐敗するため、木材の防腐剤として塗られます。

　アジ化ナトリウムは細胞の呼吸を一酸化炭素同様に阻害するため強い毒性を持ち防腐剤として有効です。

●キレート剤

　タンパク質によっては、補欠因子として金属イオン（カルシウムイオン、マグネシウムイオンなど）が必須のものがあります。キレート試薬が二価金属をキレート（結合）し、雑菌の持つタンパク質が利用できないようにすると腐敗を防ぐことができます。

●真空パック

　微生物の生育を抑える防腐剤の唯一の欠点は、それらが食品本来に含まれない物質だということです。そこで登場した方法が真空パックです。真空パック法は空気を除いた上で、丈夫なフィルムで食品を包みます。空気が無いために、空気中の酸素による食品成分の変化を抑えることができます。そして、一度フィルムに包んだ後に加熱殺菌をすると、常温でも無菌状態を保てます。ところで、レトルト殺菌はフィルムに包んだ状態で加熱殺菌することですので、中が真空とはかぎりません。

3-11 食品添加物(1)—工夫—

●昔からある食品添加物

　大豆を水にひたして細かくくだくと大豆の汁ができます。つぎに、これを煮て豆乳とオカラにわけます。豆乳はそのままでは固まらないので、「にがり」を加えます。豆乳に含まれるタンパク質を「にがり」が結びつけるために豆乳が固まり豆腐ができます。この方法の歴史は1000年以上前にさかのぼります。「にがり」は古くから使われる食品添加物の一種です。

図3-11-1　豆腐がかたまるしくみ

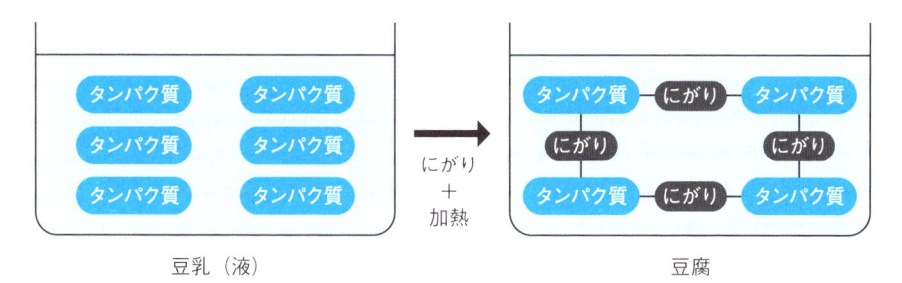

豆乳（液）　→（にがり＋加熱）→　豆腐

●アイスクリームをおいしくする食品添加物

　アイスクリームには氷の結晶と脂肪と空気が含まれています。食品添加物を加えなければ、氷の結晶や脂肪の粒が大きな状態です。本来、水と油は混ざり合うことはありません。乳化剤と安定剤を加えることで、氷と脂肪と空気がなじみ細かい粒になり、なめらかで口当たりがよくなるわけです。

●いろいろな工夫

　人類は食品の保存や加工にいろいろな工夫をしてきました。例えば、肉や魚を燻製や塩漬けにし、また、植物の実・葉や花を使って、色どりや香りを添えるなどの工夫をしてきました。ご飯を黄色にするサフランや梅干しにい

図3-11-2　おいしいアイスクリームの秘密

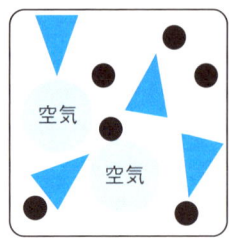

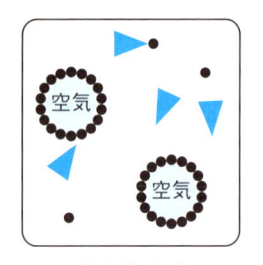

（添加物なし）
●：脂肪　▲：氷の結晶

（添加物入り）
氷と空気と脂肪が細かくなり口当たりがよくなる

れるしその葉などはよく知られています。このように食品の保存や加工の際に用いる調味料、保存料、着色料などを食品添加物と呼び、主に加工食品に使用されています。

　麺の食感をよくするための「かんすい」やワインの風味を損なわないための「酸化防止剤」、色を補う「着色料」や香りをつける「香料」、味や風味を良くする「調味料」、ハム・ソーセージ・かまぼこ・ひものなどを長持ちさせる「保存料」などが用いられています。

●食品添加物の分類

　日本では、安全性と有効性を確認して厚生労働大臣が指定した「指定添加物」、長年使用されてきた天然添加物として品目が定められている「既存添加物」、このほか「天然香料」と「一般飲食物添加物」に分類されています。今後、新たに使用される食品添加物は天然・合成の区別なく、すべて食品安全委員会による安全性の評価、厚生労働大臣の指定を受けて「指定添加物」になります。

●食品添加物の安全性の確かめ方

　安全かどうかのリスク評価は実験動物を用いて評価試験が行われています。人と同じほ乳類を使って、連続して摂取する・多量に摂取する、また、二世代にわたる影響の有無を調べて安全性を確認しています。

3-12 食品添加物(2)—天然由来—

●食品添加物の表示

　加工食品に使用されている食品添加物は名称や簡略名などで表示されています。たとえば、「ビタミンＣ」や「VC」などの表示は、L－アスコルビン酸ナトリウムを意味します。また、「保存料（安息香酸Na）」のように用途名が併記されているものもあります。特にアレルギー物質を含む食品については、食品原料だけでなく、食品添加物についても「カゼインNa（乳由来）」のようにわかりやすく表示されます。食品添加物の種類と目的などを表に示します。

●虫歯にならない甘味料

　キシリトールは、多くの野菜や果実に含まれる天然の甘味料で、厚生省に認可されている食品添加物です。砂糖と同じくらいの甘さがありますが、カロリーは砂糖の4分の3です。血糖値に影響を与えないので、糖尿病患者向けの医療品原料としても使われています。

　キシリトールは世界中の国々で、虫歯予防効果と安全性が認められています。ただし、摂取しすぎるとおなかが緩くなる、下痢になるなどの副作用があります。したがって、砂糖の代わりに使うというよりも、ガムなどに添加して虫歯予防のために使われます。

　アスパルテームは、人工甘味料でアミノ酸から合成されます。いわゆるダイエットシュガーとして、砂糖の代わりに用いられており、その甘みは砂糖の100倍以上です。人体では消化されず吸収もされないため、そのまま体外に放出されるためカロリーはゼロです。

　糖類とは全く構造が違うため、虫歯のもとにもならず、ノーカロリーということで、ガムやキャンディー、ダイエットを標榜した清涼飲料に用いられます。

● **虫からとれる着色料!?**

　食べ物の色をおいしく見せるための工夫として、着色料が用いられます。植物由来・動物由来、そして合成されたものなど、色とりどりで様々なものが用いられます。

　コチニールという色素があります。カルミンレッドの名で知られる赤色の色素で、古くから染料や着色料として用いられてきました。実は、コチニールはコチニールカイガラムシ、別名はエンジムシという昆虫から抽出されます。虫と聞くと気味が悪いと思うかもしれませんが、検査により安全性は確認されていますから大丈夫です。

● **カンスイってどんな水？**

　中華麺や、やきそばの麺の成分にカンスイが含まれています。カンスイとは塩（えん）を多く含んだアルカリ性の水溶液を意味します。もともとの由来は一説によれば、モンゴルの奥地にある「カン湖」の塩を多く含んだ水（カン湖の水）、すなわちカンスイで小麦粉を練って麺をつくったのが中華麺の紀元といわれています。小麦の中のタンパク質と塩分が、適度な弾力を生み出すのです。カンスイの主成分は、もともとは炭酸ナトリウムでしたが、食品添加物としては炭酸カリウム・ポリリン酸ナトリウムなどのアルカリ成分もカンスイと表示することが認められています。

● **チクル**

　チューインガムに含まれる弾力性のあるゴムのような成分には、チクルと呼ばれる天然由来の樹脂が用いられます。チクルは南米産のサポジラという樹木の樹皮に含まれるゴム状の樹脂です。サポジラの和名はチューインガムノキと呼ばれています。

　ガムをしばらく噛んでいると味がなくなって後に残るのがチクルです。人体には無害なので食べても大丈夫ですが、きちんと紙につつんですてるのがマナーですね。

図3-12-1　サポジラ（チューインガムノキ）

3-13 うま味調味料の化学

●うま味の発見

　かつて味は甘味・酸味・塩味・苦味の4つといわれてきました。これだけでは説明できないもう一つの味があることに気づいた学者が日本にいました。旧東京帝国大学の池田菊苗博士です。1908年、博士は昆布だしの主要な味の成分がアミノ酸の一種「グルタミン酸」であることを発見し、その味を「うま味」と命名しました。博士の発見から生まれた調味料（グルタミン酸ナトリウム）を製造する特許は、日本十大発明の一つに数えられ、産業界で高く評価されています。その後、日本人の別々の研究者により鰹節のうま味成分で核酸の一種「イノシン酸」、干し椎茸のうま味成分で核酸の一種「グアニル酸」が発見されました。今では「うま味」が5つの基本味の一つであるということが国際的に認められており、「UMAMI」として世界の共通語になっています。

●うま味はどこにある？

　グルタミン酸は昆布をはじめ、チーズ・味噌・醤油などの多くの食品に含まれており、イノシン酸は肉や魚に多く含まれています。「だし」をとるために重要な鰹節はイノシン酸を多く含む代表的な食品です。そして、グアニル酸は干し椎茸などのキノコ類に多く含まれています。また、食品は熟成するにつれて、うま味成分が増えていくことが知られています。例えば、トマ

図3-13-1　うまみ成分と食品

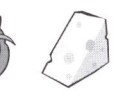

●グルタミン酸を含む　　　●イノシン酸を含む　　　●グアニル酸を含む

こんぶ　トマト　チーズ　　かつお節　豚肉　　　　干ししいたけ

トは熟すにつれてグルタミン酸が増加し、真っ赤になるころにはピークに達します。

図3-13-2　うまみの認知

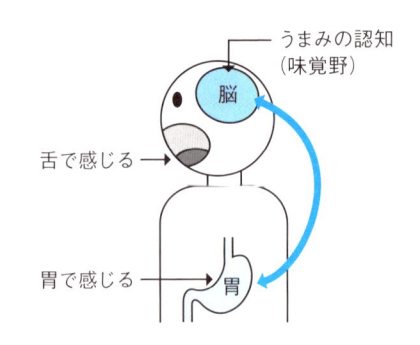

●グルタミン酸の役割

　味には栄養素や有害物質のシグナルの役割があります。甘味は糖や炭水化物によるエネルギーであること、苦みは毒物などの有害物質であることの警告、うま味は、アミノ酸や核酸の味であり、その食品にはわたしたちが生きるために必要なタンパク質という栄養素が含まれていることを知らせてくれます。

　最近の研究では、舌だけではなく胃にもうま味を感じる機構が存在することがわかりました。胃の迷走神経は、うま味物質のみに応答し、アミノ酸の中ではグルタミン酸のみに応答することがわかりました。胃に食物が入り、うま味物質（グルタミン酸）を受け取ると、その情報は迷走神経を介して脳に伝わります。そして、脳から胃へタンパク質の消化吸収を始めるための指令が送られます（図）。このようにうま味はタンパク質の消化吸収に関わり、大切な役割を果たしています。

●うま味の相乗効果

　うま味の成分を組み合わせることで、うま味が飛躍的に強く感じられることが科学的に証明されています。グルタミン酸を多く含む昆布とイノシン酸が多い鰹節をあわせた日本料理の一番だしをはじめ、フランスのチキンブイヨン、中国の湯（タン）など、和洋中を問わず、昔からあらゆる料理に活用されています。これはうま味の相乗効果を経験的に知り、料理に応用してきたことを意味します。

　実際に、京都老舗料亭の一番だしの分析したところ、昆布だし単独のうま味の7〜8倍以上の強さであるという結果が出ました。

3-14 機能性食品とは？

食品には、栄養・おいしさ・病気の予防という3つの役割があります。現代は栄養やおいしさが充分満たされた飽食の時代となり、人々の関心は、食べ物や食べ方を工夫して生活習慣病などを予防することに移ってきています。この関心により「機能性食品」という言葉が生まれました。

平成13年4月厚生労働省は、健康食品のうち、一定の条件を満たすものを「保健機能食品」と称して販売を認める制度を作りました（下図）。これが一般に機能性食品といわれるものです。保健機能食品には、厚生労働省が許認可する「特定保健用食品」と認可審査のない「栄養機能食品」の2つがあります。これまでに、おなかの調子を整えるもの、ミネラルの吸収に関わるもの、コレステロール・血圧・骨や歯の健康に関するもの、血糖値に関するもの、中性脂肪や体脂肪に関するものなどが販売されていますが、保健機能食品は医薬品とは異なり、あくまで疾病の予防、生体の調節手段として、健常な人に長期間食される食品です。なお、保健機能食品制度については、平成21年9月1日に消費者庁が設立されたため、業務が消費者庁に移管されています。

●健康食品を食べると健康になれる？

「健康食品」とは、健康の保持増進に役立つ食品として日々用いられる言葉ですが、法律上の定義はありません。いわゆる健康食品の中には明らかに法律違反の宣伝を行っている場合があります。大手企業や有名なメーカーの

図3-14-1　保健機能食品

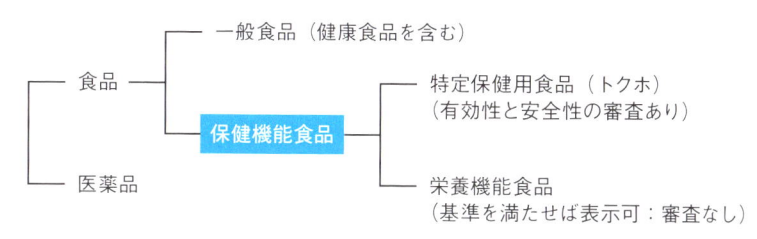

```
         ┌─ 一般食品（健康食品を含む）
         │                    ┌─ 特定保健用食品（トクホ）
食品 ────┤                    │   （有効性と安全性の審査あり）
         │   保健機能食品 ────┤
         │                    │
         └─ 医薬品            └─ 栄養機能食品
                                  （基準を満たせば表示可：審査なし）
```

表3-14-1　栄養機能食品として機能表示ができる栄養成分

ミネラル	カルシウム、亜鉛、銅、マグネシウム、鉄
ビタミン	ナイアシン、パントテン酸、ビオチン、ビタミンA、ビタミンB_1、ビタミンB_2、ビタミンB_6、ビタミンB_{12}、ビタミンC、ビタミンD、ビタミンE、葉酸

製品にも法律違反とまで言えませんが、科学的根拠の乏しい商品が少なくありません。

例えば、「飲むコラーゲン」が肌に良いとして販売されています。コラーゲンとは肌に含まれるタンパク質の一種で、機能を有します。

コラーゲンを食べたら、どうなるのでしょうか？　まず、内臓のはたらきによりアミノ酸にまで分解され、分解されたアミノ酸は吸収されて様々なタンパク質をつくる際の材料となります。この過程は、コラーゲンでなくても、肉や魚、大豆などのタンパク質を含む食事でも同じです。良質なコラーゲンを食べることは、確かに肌によいのでしょうが、コラーゲンそのものが、肌に直接届くわけではありません。

また、代表的なサプリメントのビタミン剤に含まれるビタミンC（アスコルビン酸）について、宣伝では「1粒でレモン何十個分のビタミンC」などとうたわれます。実際にそれほどたくさんのレモンを日常生活で食べる人はまずいないでしょう。

「過ぎたるは及ばざるがごとし」で、用量を守らずに過剰に摂取した場合には体外に排出されますが、悪くすれば下痢を、また胃を痛めるなどの恐れがあります。

私たち消費者は、都合のよいうたい文句や根拠のない迷信、誤った情報などにまどわされることのないように、正確な知識と科学的な根拠に基づいた判断力によって、肌に触れるものや体に取り入れるものを見極めることが大切です。

3-15 遺伝子組換え食品の化学

●世界初の遺伝子組換え作物

遺伝子組換え技術を利用して商品化された最初の作物はトマトです。1994年にアメリカのカルジーン社がフレーバー・セーバーという品種を市場に出しました。トマトは完熟すると細胞同士を結合している細胞壁が分解して日持ちがしなくなるため、未熟なうちに収穫して輸送し、追熟させています。

一方、フレーバー・セーバーは遺伝子組換え技術により完熟しても細胞壁の分解が進まず、貯蔵や輸送に耐えることができます。日持ちがよくなり味もよくなったのです。しかし、企業の貯蔵・輸送に関するノウハウの不足や、農家の収入が上がらないなどの理由で数年後には生産中止となってしまいました。

同じ頃ヨーロッパでもゼネカ社が遺伝子組換え技術によるピューレ用トマトを開発し、缶入りトマトとして販売しました。競合品より安価であったため数年はよく売れましたが、1999年に起きた遺伝子組換え作物反対運動によって現在では販売されていません。

最初に商品化された遺伝子組換えトマトは、科学技術とは関係のない要因により、失敗に終わりました。現在は、ナタネ・ダイズ・ワタ・トウモロコシなどの遺伝子組換え作物が栽培されています。主には殺虫剤の使用量を減らして収穫量を増やすことが目的で栽培されています。

●害虫抵抗性作物

トウモロコシにはアワノメイガという害虫がいます。茎に穴をあけて食害するため、茎が折れたり、生育が悪くなったりします。昆虫病原菌の一種であるバチルスチューリンゲンシス（Bacillus thuringiensis, Bt）の毒素タンパク質の遺伝子を遺伝子組換え技術によりトウモロコシに組み込んだBtトウモロコシが開発されました。これによりトウモロコシに被害をもたらす害虫のアワノメイガがBtトウモロコシの茎を食べると消化管が破壊されて死

図3-15-1 Btタンパク質のしくみ

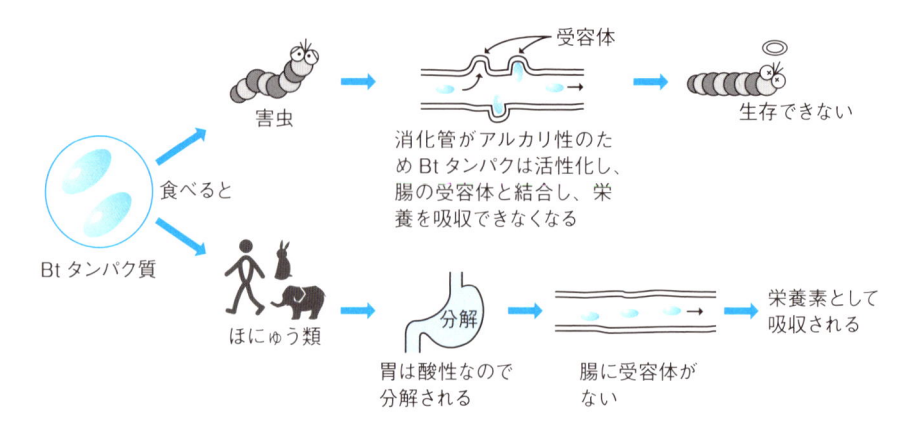

害虫
Btタンパク質
食べると
受容体
消化管がアルカリ性のためBtタンパクは活性化し、腸の受容体と結合し、栄養を吸収できなくなる
生存できない

ほにゅう類
分解
胃は酸性なので分解される
腸に受容体がない
栄養素として吸収される

んでしまいます。したがって通常ならば年に4～6回の農薬散布をほとんどすることなくトウモロコシが生育し、収穫量を増やすことができます。

　昆虫にとって毒になるものは人体に害があるのではないかと心配になりますが、昆虫と人やほ乳類の消化管では環境が異なるため、人やほ乳類が食べてもまったく問題が起こらないことが確認されています。

●遺伝子組換え食品の安全性

　遺伝子組換え作物およびそれらを材料とした食品の安全性については、各国の管理・検査・法律などによって保証されています。日本では分別生産流通管理（IPハンドリング）により生育から加工にいたるまで遺伝子組換えと非組換え食品が混入されないように見守られています。食品にはその表示義務があるために消費者は選択することができます。

●遺伝子組換え作物の環境影響

　遺伝子組換え作物の栽培は国内でも認められていますが、外来種として取り扱われるため野生化や交雑が起こらないような配慮が必要です。

3-16 農薬

●農作物の被害

スーパーの売り場には、形や大きさが整って色合いもよい野菜や果物が並んでいます。実際には、これらの農作物は自然の中で栽培されるので、病気、害虫や災害などの被害を受けることがあります。病気にかかると葉や茎が変色したり、果実が腐ったりします。害虫は葉や茎を食い荒らし、時には病気を媒介することもあります。また、雑草は日光を遮り、農作物の養分を奪い成長を妨げます。農業ではこのような被害から農作物を守ると同時に、品質の良い農作物を収穫しなければなりません。農薬はこれらによる損失を食い止め、品質のよい十分な量の収穫に貢献します。

●農薬とは？

農薬とは、樹木および農林産物を含む農作物を、菌・線虫・ダニ・昆虫・ねずみ、その他の動植物またはウイルス、病害虫や雑草などから守るために使われる薬剤です。日本では農薬は「農薬取締法」に定められており、「農作物の病害虫の防除に用いる殺虫剤、殺虫剤その他の薬剤、農作物の生理機能の増進又は抑制に用いる成長促進剤、発芽抑制剤その他の薬剤」を農薬と定義しています。その他の薬剤として「除草剤、誘引剤、忌避剤、展着剤」などがあります。

さらに、薬剤ではありませんが、防除のために利用される「天然生物」も農薬に含まれます。例えば、農作物に被害を与えるアブラムシを駆除するために、天敵であるナミテントウやテントウムシなどの肉食性のテントウムシを放し、生物農薬として利用します。

●農薬の登録制度

農薬は農薬取締法に基づいて、製造・輸入から販売そして使用に至るすべての過程で厳しく規制されます。登録制度があり、農林水産省に登録された

表3-16-1　農薬の主な用途別分類

種類	用途
殺虫剤	農薬物を加害する有害な昆虫を防除する
殺菌剤	植物病原菌（糸状菌や細菌）の農作物を加害する有害作用から守る
除草剤	雑草類を防除する
殺虫殺菌剤	殺虫成分と殺菌成分を混合して、害虫、病原菌を同時に防除する
殺そ剤	農作物を加害するねずみ類を駆除する
植物成長調整剤	植物の生理機能を増進または抑制して、結実を増加させたり倒伏を軽減したりする
忌避剤	鳥や獣が特定の臭い、味、色を嫌うことを利用して農作物への害を防ぐ
誘引剤	主に昆虫類が特定の臭いや性フェロモンに引き寄せられる性質を利用して害虫を一定の場所に集める
展着剤	薬剤が害虫の体や作物の表面によく付着するように添加する
天敵	農作物を加害する害虫の天敵
微生物剤	微生物を用いて農作物を加害する害虫病気等を防除する

農薬だけが製造・輸入および販売できる仕組みがあります。

● **いろいろな防除法**

　現在の農薬はそのほとんどが化学的に合成された化学農薬です。では、農薬以外の防除法はないのでしょうか。

　防除法は4つに大別されます。病害虫に強い品種改良や輪作などの栽培法を工夫する耕種的防除法、アイガモを利用して除草をしたり、天敵や微生物により病害虫を駆除する生物的防除法、ネットやカバーなど資材を用いたり、熱や光を利用する物理的防除法、そして、化学農薬を利用する化学的防除法です。それぞれの長所を活かし、短所を補うように組み合わせることが大切です。なかでも防除の効果が確実で経済的、そして、収穫を安定させるという点で化学的防除法が優れています。

3-17 農薬の安全性

●有機野菜の認定

　近年、食の安全が注目されるようになり、有機や無農薬などの言葉が安全で健康的なイメージを想起させる風潮があります。過去には、明確な基準がなかったために無農薬や減農薬などと表示された農産物が売られていましたが、現在は法律に基づいた日本農林規格（JAS規格）に適合した生産が行われていることを登録認定機関が検査し、その結果、認定された事業者のみが有機JASマーク（図）を貼ることができます。

　有機JASマークは、太陽と雲と植物をイメージしています。農薬や化学肥料などの化学物質に頼らないで、自然界の力で生産された食品を表しています。農産物のみならず、加工食品、飼料や畜産物にも付けられます。このマークがない農産物や加工食品に、有機・オーガニックなどの名称の表示や紛らわしい表示を付すことは法律で禁止されています。

●有機農産物は農薬を使ってもよい？

　JAS規格によれば、有機農産物とは「化学的に合成された肥料や農薬の使用を避けることを基本として、多年生作物の場合は収穫前3年以上、その他の作物の場合は、播種（種を撒くこと）又は植付け前2年以上の間、堆肥などの有機質肥料により土づくりを行った圃場（農地のこと）において生産された農作物」とされ、有機JASマークを付けることが認められます。

　ただし、化学農薬を使ってよい場合があります。それは、農作物に重大な損害が生ずる危険が急迫している場合です。その際には指定された化学農薬を使っても良いことになっています。

　また、通常より化学肥料や化学農薬を減らした農産物については、農林水産省のガイドラインに基づき生産の条件等を表示した上で「特別栽培農産物」と表示することができます。

図3-17-1 有機JAS規格を満たす農産物につけることができる有機JASマーク

○○検定協会
認定番号：1234

図3-17-2 特別栽培農産物は、節減対象農薬の使用回数が50％以下、化学肥料の窒素成分量が50％以下で栽培された農産物

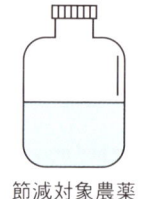

節減対象農薬
（使用回数50％以下）

化学肥料
（窒素成分量50％以下）

●農薬の安全性

「3-16　農薬」で述べたように、農薬は法律に基づいて規制され、登録制度により管理されています。では、病害虫や雑草を防除する農薬は人体には悪影響を及ぼさないのでしょうか？

ヒトが生きる上で不可欠な塩（しお）は毒ではありませんが、摂取しすぎれば害となります。また、「酒は百薬の長」と言われますがその発ガン性は科学的に認められています。ルネッサンス時代の医師パラケルススは「すべての物質は有害である。有害でない物質はなく、用量によって毒であるか薬であるかが決まる」という言葉を残しています。

毒性が強い化学農薬であっても、使用上の注意を守れば、危険性を減らすことができ、安全性が確保されます。農薬の安全性に関する評価は、決められた試験項目によって行われます。OECD（経済協力開発機構）によって定められたGLP（Good Laboratory Practice：毒性試験の適正実施に関する基準）制度に基づいて、日本では1984年から農薬GLP制度が導入されています。

試験には、病害虫や雑草への効果や農作物に対する薬害試験だけでなく、さまざまな安全性評価や環境への影響試験の実施が要求されます。また、農薬登録の有効期間は3年で再登録の手続きがなければ失効し、常に最新の基準で安全性の審査が義務づけられています。使用上の注意を守れば、生涯にわたって毎日食べ続ける農産物による害がないように、安全性が認められています。

3-18 肥料の化学

●植物の必須元素

植物の必須元素とされているものは16種類あります。必須元素は、植物が必要とする量から便宜上、多量必須元素と微量必須元素に分類されています（表）。

多量必須元素には炭素・酸素・水素・窒素・カリウム・カルシウム・マグネシウム・リン・硫黄の9種類です。このうち、水素・炭素・酸素については大気中の二酸化炭素を葉より、水を根より吸収して、光合成によって炭水化物に変えて利用しています。窒素・リン・カリウムは肥料の三要素として施されています。微量必須元素はモリブデン・銅・亜鉛・マンガン・鉄・ホウ素・塩素の7種類で土壌から自然に補給されます。

●肥料の定義

肥料について法律（肥料取締法第2条第1項）では、次のように定められています。

表3-18-1　植物の必須元素

多量必須元素	割合（%）	微量必須元素	割合（ppm）
C　炭素	45	Cl　塩素	100
O　酸素	45	B　ホウ素	20
H　水素	6	Fe　鉄	100
N　窒素	1.5	Mn　マンガン	50
K　カリウム	1.0	Zn　亜鉛	20
Ca　カルシウム	0.5	Cu　銅	6
Mg　マグネシウム	0.2	Mo　モリブデン	0.1
P　リン	0.2		
S　硫黄	0.1		

1）植物の栄養に供することを目的として土地に施される物
2）植物の栽培に資するため土壌に化学的変化をもたらすことを目的として土地に施される物
3）植物の栄養に供することを目的として植物に施される物

つまり、作物が生育するために必要な養分を補うために土壌や葉から施されるものと考えればよいです。

●肥料と資材の違い

土壌改良等のための資材と肥料は区別して考える必要があります。有機質肥料と有機質資材とが混同されがちですが、この違いを理解することは、技術的にも法的にも肥料を理解する上で重要です。下記の①と②が肥料です。

①無機質肥料……硫安・過リン酸石灰・硫酸カリウムなど（化学肥料）
　工業的に合成（一部は鉱山から産出）された肥料で尿素や合成緩効性肥料（有機化合物）など

②有機質肥料……菜種油粕・大豆油粕・魚粕・骨粉・蹄角＊など
概ね天然物に由来するもので作られ、特別な化学変化を伴う処理がされていない（発酵は含む）肥料のこと。炭素と窒素の割合（C／N）が概ね10以下で、土壌に施用されると微生物による分解作用を受けて、窒素などの養分が作物に供給されるもの

　下記の③と④は資材であり、肥料とは呼びません。
③有機質資材……各種堆きゅう肥・ピートモス・イネワラなどC／N＊が概ね20以上で、土壌腐植の生成に寄与し、土壌の理化学性や養分供給能の改善を図るなどの土壌改良を行う資材
④無機質資材……ゼオライト・パーライト・バーミュキュライトなど
土壌の理化学性や養分供給能の改善を図るなどの土壌改良を行うための天然または合成された無機質の資材

＊蹄角とは：牛の角・ヒヅメを加圧加熱加工して乾燥粉砕したもの。
＊C／Nとは：全炭素と全窒素の比であり、炭素／窒素比、炭素率ともいう。C／Nは有機物の分解性と密接な関係があり、一般的にはC／Nが高いほど分解されにくく、低いほど分解されやすい。

図3-18-1 有機肥料と無機肥料

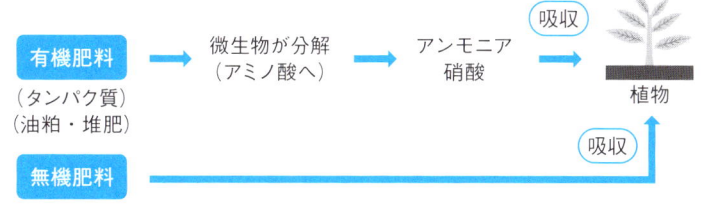

有機肥料（タンパク質）（油粕・堆肥） → 微生物が分解（アミノ酸へ） → アンモニア 硝酸 → 吸収 → 植物

無機肥料（リン酸肥料・窒素肥料） → 吸収 → 植物

●有機肥料と無機肥料のどちらが効果的？

　過去には無機質を中心とした化学肥料重視の考え方が主流で、飛躍的に生産量が増大しましたが、弊害があり有機肥料が見直されるようになりました。昨今のオーガニックブームも手伝ってか、「有機肥料は安全で、化学肥料は悪い」といった偏った考え方もあるようです。実際には、どちらかが一方的に優勢ではなく、それぞれの特性を活かして、組み合わせながら使用するのが重要です。実際に有機肥料と無機肥料の一例を見てみましょう（図）。有機肥料のタンパク質・無機肥料の尿素の場合、それぞれは異なる過程をたどりますが、アンモニアに変化して以降、植物に吸収される経路は同じであることがわかります。

第4章

日用品・建材の化学

私たちは日常生活の中でさまざまな化学物質を使っています。朝起きるとトイレに行き、洗顔し、歯を磨くことでしょう。お化粧する人も多いでしょう。寝る前には、お風呂で髪を洗ったり体を洗ったりすることでしょう。そんな中で使う洗剤などの化学物質によって、清潔な状態、快適な状態を保っています。一方でシックハウスなど化学物質によって悪影響を受けることも起こっています。ここでは日用品に関する化学や建材で問題になったことなどをみていきましょう。

4-1 歯磨き粉

●正しくは歯磨剤

現在、一般的に使用されている歯磨き粉はチューブ入りの練りもので、練歯磨剤（練り歯磨き）と呼ばれます。歯磨き粉というのは粉末を指しますので、正しくはこれらを合わせて歯磨剤と言います。

●歯磨剤のはたらき

歯につく汚れは主に2種類に分けられます。ひとつは、虫歯の原因となるプラーク（歯垢）です。もう一つは食べかすやタバコのヤニなどが原因となる着色汚れでステインとよばれます。プラークは口の中の細菌が作り出すネバネバした物質で、うがいなどでは落とすことができません。また、歯ブラシだけでは落とせないステインは、歯磨剤を使ってブラッシングすることで取り除くことができます。

歯磨剤にはさまざまな成分が含まれおり、主には研磨剤として炭酸カルシウムやリン酸一水素カルシウム、ペースト状にするためにカルボキシメチルセルロースなどの粘結剤、清涼感を与えるメントールなどがあります。

●虫歯の原因はプラーク

歯はエナメル質や象牙質でできていて、これらの主成分は骨と同様にヒドロキシアパタイト（HAP）とよばれるカルシウムやリン酸と水酸基（ヒドロキシ基）からなる結晶です。HAPはエナメル質には約95％含まれており、とても重要な成分です（歯の構造図）。

口の中には無数の細菌が棲んでいます。中でも虫歯の原因菌として有名なのはミュータンス菌です。虫歯の原因菌は唾液に含まれる養分を利用してネバネバした物質をつくり、その中で繁殖します。これがプラークです。プラークは歯の表面にへばりついて、中に棲む細菌は増殖の際に、糖分を材料にして酸を作ります。この酸が歯の主成分であるHAPをカルシウムとリン酸

図4-1-1　歯の構造

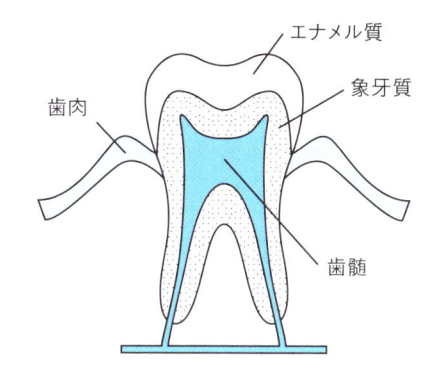

図4-1-2　プラークは虫歯の原因

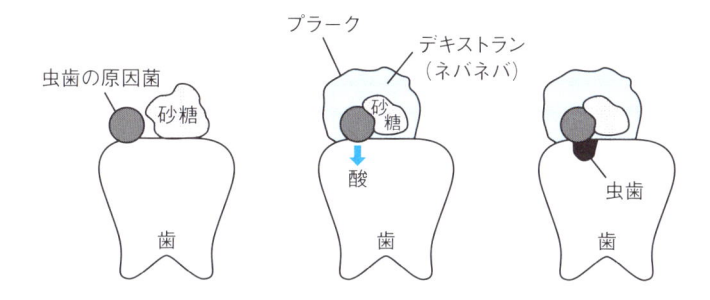

図4-1-3　HAPでエナメル質の修復や再石灰化

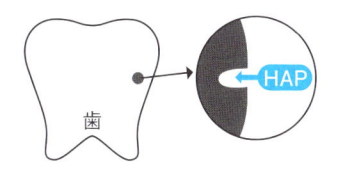

に分解してしまい、歯が浸食されます。

●歯を守るために

　歯磨剤には歯を強くするフッ素（フッ化物）やプラークを分解する酵素、また、歯槽膿漏を予防する薬効成分が含まれているものもあります。またHAPの成分を混ぜておくことで歯の補修効果を期待するものもあります（図）。

4-2 コンタクトレンズ

●世界初のコンタクトレンズ

　目に木の枝などの異物が入ることで失明することがあります。ところが、第二次世界大戦の航空機用風防ガラスの破片がパイロットの目に混入したままでも失明しなかったことから、風防ガラスの生体適合性が知られるようになりました。1938年に風防ガラスの材料であるメチルメタクリレート（MMA）でコンタクトレンズを作成したのがはじまりで、その後レンズの光学部を研磨する方法が発見され、1940年にハードコンタクトレンズ（以下、ハードレンズ）がはじめて誕生しました。

●コンタクトレンズに求められる特性

　初期のハードレンズは高強度で軽量、かつ成形が容易で光学特性に優れ、そのうえ生体適合性にも優れる画期的なレンズでしたが、装着時の異物感や酸素をまったく通さない、また、角膜に対する安全性に欠けるなどの問題がありました。

　その後、ソフトコンタクトレンズ（以下、ソフトレンズ）が開発されました。これはヒドロキシエチルメタクリレート（HEMA）を材料としたゲルで、親水性が高く、酸素もわずかに透過する材料でした。MMAレンズに比べると寿命が短いという欠点がありましたが、装着感が抜群であったため、市場の主流になりました。角膜の生理機能が理解されるにつれて、レンズの酸素透過性が角膜の恒常性の維持に重要であることが明らかになり、メーカーは酸素透過性の向上を主眼に開発をすすめました。

●新素材シリコーンハイドロゲル

　開発が進み、高い酸素透過性を可能にした画期的なソフトレンズが登場しました。これは従来の素材にシリコーン成分を加えた「シリコーンハイドロゲル」と呼ばれます。水分が蒸発しにくく、酸素透過性が高いため連続装用

図4-2-1　シリコーンハイドロゲルのレンズ

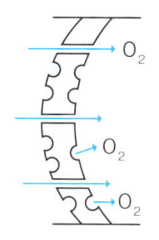

酸素がレンズのすき間を通るだけでなく
含水性によりO_2を受け目に届ける。

も可能なソフトレンズの誕生です。

●21世紀のコンタクトレンズ

　コンタクトレンズを使用する人にとって重大な悩みが目の乾燥やドライアイ症状、それに付随する疲れ目です。それらを抑えるためには点眼薬の投与が最も効果的ですが、点眼薬を頻繁に投与することは煩雑で、また、涙液中の感染防止などに有効な成分を希釈してしまうという欠点があります。また、点眼による薬物の多くは目から涙鼻管を通って鼻へ流され、その後、血液中に吸収されて全身へと回っていくため、頻繁な点眼による投与は副作用によるリスクを向上させることになります。

　そこで、現在期待されている新たな方法は、目薬コンタクトレンズです。点眼薬成分をあらかじめコンタクトレンズに含ませておくというもので、メニコンは「分子インプリント法」という手法を用いて薬剤の放出速度を著しく低下する研究を行っており、次世代の医療機器・医薬品の材料として期待されています。

4-3 スキンケアの化学

●保湿はスキンケアの基本

　きれいな肌には透明感があり、表面は柔らかく滑らかです。これは皮脂膜に覆われた角質層が水分で潤っているからであり、保湿はスキンケアの基本です（図4-3-1）。肌に水を塗ると一時的に水分量が高まりますが、すぐに水分は蒸散してしまいます。そこで、水分の保持能力がある物質「保湿剤」により水分を保ちます。保湿剤には古くから用いられているグリセリンやプロピレングリコールなどのアルコール類、ヒアルロン酸・アミノ酸など、水との親和性が高い物質が用いられます。肌は、水分・油分・保湿剤のバランス、すなわちモイスチャーバランスが保たれていることが大切なのです。

図4-3-1　皮膚構造

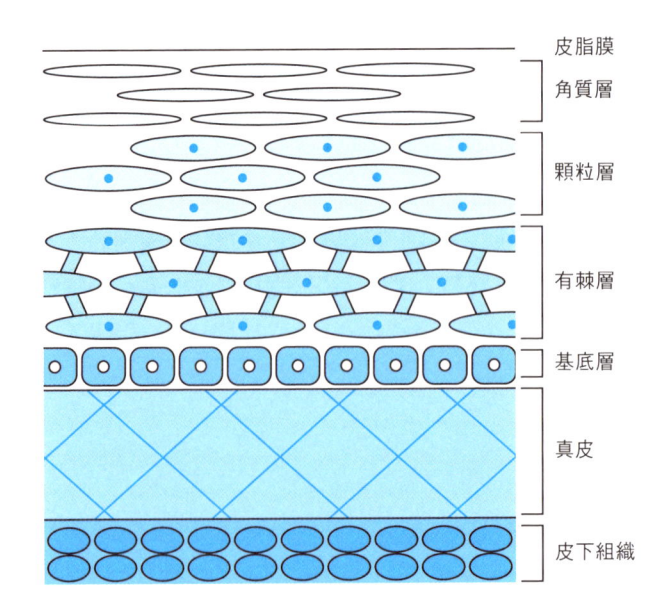

（皮脂膜／角質層／顆粒層／有棘層／基底層／真皮／皮下組織）

●化粧水と乳液によるスキンケア

　化粧水は角質層に水分や保湿成分を供給し、モイスチャーバランスを整えます。主な成分は水・アルコール類・保湿剤・油分に加えて、本来なら混ざり合わない水と油をなじませるための界面活性剤、そして、香料や安定化剤などです。

　水と油が界面活性剤の仲立ちによってとけあい、分散している状態を乳化と言います。ホイップクリームやマヨネーズなどが白く濁って見えるのは乳化の例です。乳化には2つのパターンがあり、水の中に油が分散しているO／W（Oil in Water）型と、その反対のW／O（Water in Oil）型があります。例えば、生クリームはO／W型で、バターはW／O型です（図4-3-2）。生クリームはコーヒーにとけますが、バターはとけません。

　乳液は水分、保湿剤や油分を皮膚に供給するために用います。水と油が分離しないように界面活性剤が用いられています。

図4-3-2　乳化の型

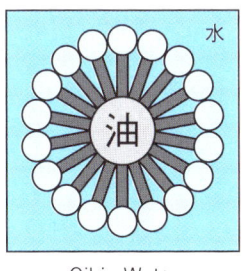

Oil in Water
（水中油型）

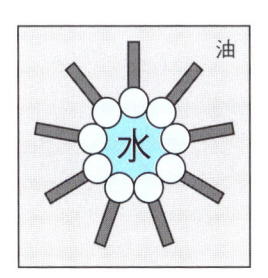

Water in Oil
（油中水型）

●肌の大敵！　紫外線

　紫外線は波長の違いにより、UVC（200〜280 nm）、UVB（280〜320 nm）、UVA（320〜400 nm）の3種に分類されます。UVCはオゾン層で吸収されるため通常は地上には届きません。UVBは表皮でほとんどが散乱・吸収され、UVAは表皮を通過し、真皮まで到達します。紫外線から皮膚を守るには日焼け止めが効果的です。

4-4 ヘアケアの化学

●セッケンは髪に悪い？

皮膚や髪の表面には、皮脂やはがれた角質層、汗などから出た塩分や尿素、ほこりなどが付着しています。これらは油分を含んでおり、水だけでは取り除くことができません。そのためにセッケンやシャンプーなどの洗浄剤を使います。

洗浄の最初の過程は湿潤です。水で濡らして、洗浄剤に触れさせると界面活性剤が油汚れを包み込んで、表面から剥がします。その後、汚れが再び表面に付着しないように汚れの粒子を分散させます。そして、最後は水で洗い流します。このとき界面活性剤は皮膚等の表面に張り付いて、汚れの再付着を妨げます（図4-4-1）。セッケンは弱アルカリ性で、髪の表面を密に覆ううろこのようなキューティクルを痛める場合があるので、最近は中性の洗剤が主に用いられます。

●リンスの効果

髪をいたわりダメージをケアするためには、洗浄以外にも気を配る必要があります。リンスは主成分のプラスの電荷を帯びたカチオン界面活性剤が髪に吸着することで効果を発揮します。カチオン界面活性剤は水洗いではとれ

図4-4-1 界面活性剤で汚れを落とすしくみ

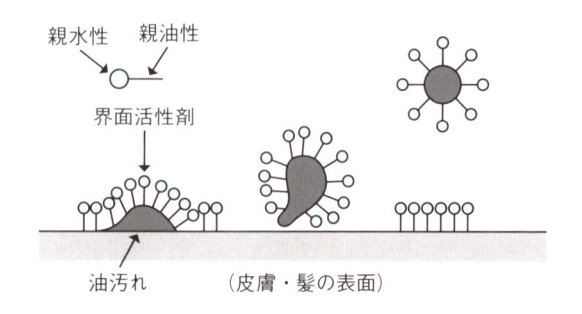

図4-4-2　髪の構造

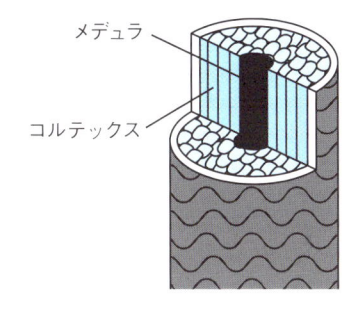

メデュラ
コルテックス

図4-4-3　髪がマイナスに帯電しているのでリンスのカチオン界面活性剤がくっつく

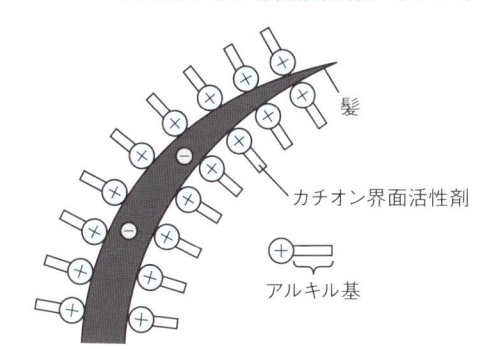

髪
カチオン界面活性剤
アルキル基

ませんから、髪に吸着して摩擦を和らげることで、くし通りを滑らかにし、静電気を防止します。また、髪を保護し光沢を与えます。代表的なものには塩化アルキルトリメチルアンモニウムがあり、炭素と水素からできているアルキル基とよばれる部分が長いほど効果があります。

●髪の強壮剤!?

　トニックウォーターは、香草や果皮の成分をまぜた炭酸飲料です。トニックには強壮剤とか薬の意味があるので、ヘアトニックは髪の強壮剤といったところでしょうか。洗髪後の頭皮にヘアトニックをつけると、すーっとして爽快感があります。主成分はアルコールで、殺菌剤・保湿剤・薬用成分などをまぜてあります。フケやかゆみを抑え、頭皮を活性化して、血行促進を促します。また、抜け毛を予防し、育毛効果をねらうものもあります。

4-5 においの化学

●においの感じ方

においを感じる嗅覚は、刺激の強さの対数に比例するということがわかっています。刺激と感覚の関係をウェーバー・フェヒナーの法則（Weber-Fechner law）といいます。具体的には、においの原因であるにおい物質の個数（刺激）が増えても、においの強度（感覚）は急激には上がらないのです。たとえば、ある空間ににおいの粒子が10個あるときと100個あるときでは、空間にある粒子の数は10倍になります。しかし、粒子の数が$10 = 10^1$と$100 = 10^2$ということで、両方の対数を比較すると2倍にしか変わっていません。すなわち、においの感じ方としては、粒子が10倍になったにも関わらず、2倍のにおいしか感じないのです。この法則は、においだけでなく、味覚や光の感じ方などの感覚にもあてはまります。

●においを消す5つの方法

身の回りでは、表であげた5つの方法を利用して、不快なにおいのない状況をつくります。

表4-5-1

1	換気消臭法	建物内の空気を入れ換えることで、におい物質を取り除く方法　例：換気扇
2	物理的消臭法	におい物質を、吸着することによってにおいを取り除く方法　例：冷蔵庫の消臭剤、活性炭
3	化学的消臭法	におい物質を化学変化させて無臭の物質にしてしまう方法　例：消臭スプレー
4	生物的消臭法	菌が繁殖することによって発生するにおいを消す方法　例：バイオ消臭剤
5	感覚的消臭法	不快なにおいを他のにおいによって感じにくくする方法　例：芳香剤

●消臭方法の特徴

それぞれの消臭方法の具体的な特徴をあげておきます。
- **換気消臭法**では、換気扇などの設備で行うため薬品を使う必要がありません。しかし、消臭をするためには、常に換気を続けなくてはならず、冷房などの空調と併用することが難しいです。
- **物理的消臭法**では、におい物質の性質にかかわらず、におい物質を取り除くことができます。物体ににおい物質を吸着するため、体積あたりにとりこむにおいの量が多くはありません。また、吸着した物質が存在し続けるため一度吸着したにおい物質が再び放出されることもあり、特定のにおいを選んで消すこともできません。
- **化学的消臭法**では、使う物質によってにおい物質の性質を選んで特定のにおいを取り除くことができます。また、におい物質と化学変化する物質を供給すればよいので、体積あたりのにおいを取り除く能力が大きくなります。一方、供給する物質は特定のにおいだけにはたらくため、複数のにおいを取り除くことが難しいです。
- **生物的消臭法**では、除菌剤で除菌する、においの原因とならない別の菌によってにおいの原因となる菌の活動を抑える、菌によってにおいの物質となる物質を食べさせることなどで消臭します。効き目が現れるまでに時間がかかったり、菌を使うため、菌が活動できる状況をつくらねばなりません。
- **感覚的消臭法**では、より強いにおいによって不快なにおいを感じにくくしたり、におい物質と反応して違うにおいにしたりします。香水などの芳香剤もこのはたらきを利用しています。供給したにおい自体を好き嫌いと感じる個人的な好みによって有効でない場合も出てきます。

現在使われるにおいに対する商品には、上記で上げた方法を複数組み合わせることで、さまざまな環境で不快なにおいのない状況がつくり出すものが多いです。使用しているにおいに対する商品が、どのように不快なにおいを軽減しているのか考えてみてください。

4-6 クリーニングの化学（洗剤）

●洗剤の成分

　ふつう水と油を混ぜても混ざりません。混じり合わない2つの物質を混ぜ合わそうとすると、境界面ができます。この境界面を界面といいます。混ざらない2つの物質を混ざるようにする物質を界面活性剤といいます。界面活性剤のはたらきを利用して、汚れを落とすものが洗剤です。

　洗剤には界面活性剤だけでなくビルダー（助剤）という界面活性剤と異なるはたらきによって洗浄力を高める成分が入っています。また、pH調整剤や酵素、蛍光増白剤、再汚染防止剤などいろいろな薬品も添加されています。

●石けんと合成洗剤

　石けんと合成洗剤は、どちらも界面活性剤のはたらきで汚れを落とします。石けんは油脂を苛性ソーダまたは苛性カリで煮たものです。それに対して、合成洗剤は合成してつくった界面活性剤を加えた洗剤です。合成してつくった界面活性剤は、自然界で分解されないので合成洗剤を使う際はその分量などに気を配る必要があります。

●界面活性剤が汚れを落とす仕組み

　洗剤は、界面活性剤のはたらきによって汚れを落とします。界面活性剤は、図のような構造を持っています。混ざり合わない物質の代表は水と油ですが、界面活性剤とは、1つの物質の中に水となじみやすい親水基と、油となじみやすい親油基の2つの異なる性質をもった物質なのです。この物質によって、普段は混ざらない、水と油を混ぜ合わせることができるのです。

　洗濯や食器洗いのときに、界面活性剤を水に溶かすと、親油基が油汚れの表面に集まってきて、油汚れを包むようにして、繊維や食器から完全に引き離して、油汚れを包み込みます。そして、油汚れを包み込んだまま水の中に散らばって、ふたたび繊維や食器につかないようにします。この状態で、水

図4-6-1　界面活性剤のはたらき

①親油基が汚れにすいつく
②汚れを囲み、汚れを引きはなす
③汚れを小さくし再付着を防ぐ

図4-6-2　界面活性剤の種類

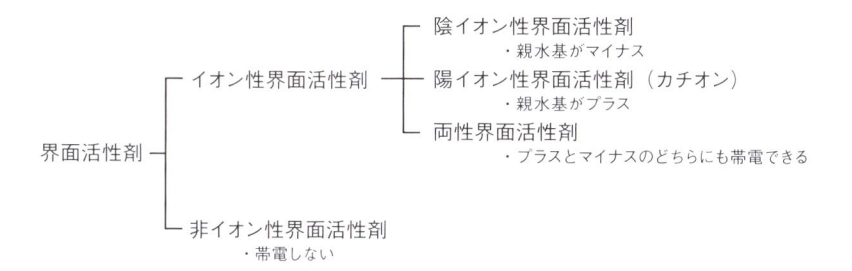

界面活性剤
- イオン性界面活性剤
  - 陰イオン性界面活性剤
    ・親水基がマイナス
  - 陽イオン性界面活性剤（カチオン）
    ・親水基がプラス
  - 両性界面活性剤
    ・プラスとマイナスのどちらにも帯電できる
- 非イオン性界面活性剤
  ・帯電しない

ですすぐと汚れも洗剤もなくなります。

●界面活性剤の分類

　界面活性剤は上の図のように分類されます。陰イオンは合成洗剤などに使用されます。陽イオンは柔軟剤やリンス、両性は泡を立たせる補助剤などとして使われます。イオンにならなくても界面活性剤の性質を示す非イオン性の界面活性剤は、他の界面活性剤と併用することができるため使いやすく、優れた性質をもつため使用場面が増えてきています。

●界面活性剤の用途

　界面活性剤は洗剤だけに使われているわけではありません。保湿成分をとかしこんだ乳液のような化粧品、アイスクリームなどの食品のほか、医薬品や農薬、工業用の用途など広範囲に使用されています。

4-7 クリーニングの化学（洗浄剤）

●洗浄剤とは

洗浄剤は、主に界面活性剤以外のはたらきで汚れを落とします。家庭用だけでなく、さらに産業洗浄剤まで範囲を広げて、洗浄剤の種類とその特徴について説明します。

●超純水

純水からふくまれる固体、気体までを取り除き、水だけにしたものを超純水といいます。この超純水は洗浄剤ではないのですが、半導体などの電子部品のようなごく少量不純物により悪影響が及んでしまうものの洗浄などに使われます。水というのはそれ自体が洗浄剤としてもはたらくのです。

●水系洗浄剤

酸性、アルカリ性という性質をもつ水溶液を用いて、化学変化を利用して汚れを落とす洗浄剤を水系洗浄剤といいます。

酸性の洗浄剤には、トイレの洗浄剤、排水パイプ用洗浄剤などがあります。酸にはカビなどの微生物などの細胞膜などをとかすはたらきがあります。そのため、トイレの洗浄剤として使うことができるのです。また、排水パイプには湯垢などがたまるので、それをとかすことができる酸を使うことによって洗浄します。

アルカリ性の洗浄剤には、カビ取り用洗浄剤や換気扇洗浄剤、レンジフード洗浄剤などがあります。アルカリは、強力にタンパク質をとかすので、カビ取り用洗浄剤として使うことができます。また、換気扇やレンジフードにこびりついた油汚れを落とすのにもアルカリは有効です。

水系洗浄剤の優れた点は、まず、水で薄めて使用することができるので、家庭でも使用しやすいことがあります。また、産業洗浄剤としては、燃えやすい液体や有毒なガスが出るような成分を含まないので、使用にあたり、安

全性が高いことがあります。さらに、プラスチックなどほとんどの樹脂に使うことができます。

一方弱点として、家庭用では酸性とアルカリ性を同時に使わないなど取り扱いには非常に注意が必要なことがあります。また、金属などに使用する際のさびの原因や、溶媒が水のため乾燥に時間がかかることなどがあります。

●準水系洗浄剤

燃えやすい有機溶剤（シンナー、ベンゼンなど）に水や界面活性剤を入れた洗浄剤を準水系洗浄剤といいます。有機溶剤は、基本的には水と混ざらないのですが、洗剤で取り上げた界面活性剤を入れることによって、水と混ざります。

この洗浄剤の優れた点は、燃えにくいのにもかかわらず、鉱物油やグリスなどの油を落とす洗浄力が強いことが挙げられます。これは有機溶剤が、親油基をもつ物質ゆえの性質です。弱点としては、水を加えたため乾燥が遅くなる、金属などに使用する際はさびの対策が必要になることがあります。

●油を落とす有機溶剤

以下の表に油を落とす有機溶剤をあげます。

表4-7-1

洗浄剤の種類	主な成分	特徴
炭化水素系	炭化水素パラフィン系、ナフテン系、芳香族系など	油汚れをよく落とす、乾燥しやすい、火気への対策が必要
アルコール系	メタノール、エタノール、イソプロパノールなど	引火性がある、乾燥しやすい、水を混ぜることによって不燃性の洗浄剤となる

●その他の洗浄剤

ほかの洗浄剤としては、次亜塩素酸塩を成分とした塩素系の洗浄剤があります。塩素系の洗浄剤は、酸と反応し、塩素ガスを発生してしまいます。この洗浄剤には「まぜるな危険」という表記があります。燃えにくく、安価ですが毒性が強いという特徴があります。この塩素の代用として、1－ブロモプロパン塩素系を成分とした洗浄剤もあります。

4-8 殺虫剤

●殺虫剤

　殺虫剤は、農作物や人間にとっての害虫を取り除くために用いる薬剤です。殺虫剤の中には、卵や幼虫、さなぎ、成虫を直接駆除するものと、それぞれの段階へ進むのを阻害するものがあります。中でも幼虫と成虫を標的にするものがもっとも一般的です。

　家庭用殺虫剤では、ピレスロイド系殺虫剤とよばれるものが90％以上を占めます。ピレスロイド系殺虫剤は人などへほとんど影響がないためです。この他には、有機リン系殺虫剤やカーバメート系殺虫剤などがあります。有機リン系殺虫剤は、人などへの毒性が強くなります。世の中を騒がせたサリンは、有機リン系殺虫剤と同じ仲間です。

●殺虫剤のはたらき

　神経組織による刺激伝達は、昆虫などの生物でも発達しています。

　殺虫剤は、害虫の神経系にはたらき麻痺させることで効力を発揮します。ピレスロイド系殺虫剤は、有機リン系やカーバメート系に比べると、速効性はありますが、効力は同等かそれ以下のものが多くなります。

　生物のからだの中で神経組織は、神経細胞という独特の細胞からできています。この神経組織は、その長い伝達経路を一つの神経細胞で伝えているのではなく、いくつもの神経細胞が少しずつ間隔を開けながら繋がっていて、その間を化学物質が伝播することで情報を伝達していきます。神経細胞の繋がっている部分をシナプス、情報を伝える化学物質をアセチルコリンといいます。アセチルコリンは対応するシナプスの間を移動するのですが、神経細胞間の刺激伝達を果たすと役目を終えると、アセリチルコリンエステラーゼで分解され、刺激を必要以上に持続しないような仕組みになっています。殺虫剤は、この伝達物質を分解するはたらきを低下させてしまいます。その結果、様々な神経（交感神経や副交感神経）や筋肉が異常な興奮を起こして、

図4-8-1　家庭用殺虫剤の種類

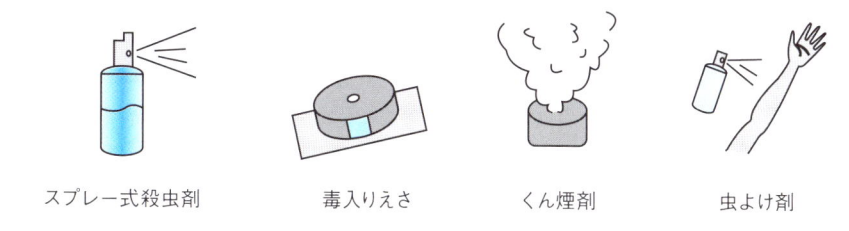

スプレー式殺虫剤　　　毒入りえさ　　　くん煙剤　　　虫よけ剤

死に至るのです。

●ピレスロイド系殺虫剤

　明治初期に日本に伝えられた除虫菊（シロバナムシヨケギク）の花（子房）にふくまれる「ピレトリン」は、いろんな害虫に強い効きめを示します。この天然ピレトリンをもとに、研究を重ねた結果、いろいろな特長をもつ合成「ピレスロイド」が誕生しました。ピレトリンに似せた化合物だからピレスロイドという名前がつけられたのです。

　ピレスロイド系の殺虫剤は、ヒトなどの哺乳類の体内に入っても速やかに分解されて、短時間で体外へ排出されます。また、光や空気、熱に触れると他の殺虫剤よりも分解しやすい性質をもちます。ゴキブリ、ハエ、蚊などの昆虫に対しては、微量で強い効きめを発揮します。このような性質を選択毒性といいます。

●ピレスロイド系殺虫剤の特徴

1)速効性であること
　微量でも害虫によく効きます。
2)忌避（イヤがって近づかない）効果があること
　殺すだけでなく薬剤の濃度が薄い場所では嫌って近付いて来ないという効果があります。
3)追い出し効果
　隠れている害虫を飛びださせる効果があります。

4-9 セメントとコンクリート

●セメント

　石灰石、粘土等を乾燥させ、調合して焼成したもので、粉状のものをセメントといいます。セメントは、コンクリートを作るための材料の一つで灰色の粉末です。セメントは、水と接触して固まる性質を持っています。この性質を利用してセメントを固まらせるのですが、水が乾くためにセメントが固まる訳ではありません。

　水の分子には、セメントの分子と結合して、セメントを固める役割があるのです。これを水和反応といいます。この水和反応は発熱反応で、セメントと水が反応して固まるときは熱を発生することになります。現在、セメントは、おもにコンクリートとして使われています。橋の橋脚や防波堤など水の中でコンクリートを固める必要がある場合には、水中コンクリートという水中で固まるコンクリートを使用します。

　コンクリートの材料であるセメント産業は、構造物をつくる材料の産業として、日本が繁栄する礎を築いて来ました。セメントをつくるためにはたくさんのエネルギーが必要になりますが、セメント業界では廃タイヤや一般ごみの焼却灰などのさまざまな廃棄物を熱源として積極的に利用して、エネルギーの効率的な利用を進めています。

●コンクリート

　表4-9-1にセメントの使用法を示します。コンクリートとは、砂や砂利などの骨材をセメントという接着剤で固めたものだということができます。

　さらに、それぞれに加えられる混和剤は、コンクリートの耐久性や強度・硬化の速度・性状を決定する重要な役目をします。以下に代表的な混和剤を紹介します。

●減水剤

　コンクリートの強度は、コンクリートを作る際にまぜる水の量によって決

表4-9-1　セメントの使用法

セメントペースト （セメントミルク、ノロともいう）	セメント＋水（＋混和剤）
モルタル	セメント＋水＋砂（細骨材が約50％）（＋混和剤）
コンクリート	セメント＋水＋砂利（骨材が約70％）（＋混和剤）

※ここでいう砂は直径が5mm以下のもの。砂利は、5mm以上20〜25mm以下のものです。小さい径の砂を細骨材、大きい径の砂利を粗骨材といって、それぞれが骨組みのようなはたらきをします。

まります（これを水セメント比といいます）。水の量を少なくすると大きな強度をもつコンクリートができあがりますが、流動性が小さくなり、非常に加工しにくくなります。その問題を解決するために、加えるのが減水剤です。減水剤を入れることによって、大きな強度を持ちつつ、加工しやすいコンクリートを作ることができます。

● AE剤（Air Entraining 剤）

コンクリート中に含まれる空気を分散して小さな気泡にし、大きな気泡ができないようにして強度の低下を防ぐために加えるのがAE剤です。コンクリート中の気泡を小さくすると、流動性が高まり、型枠のすみずみまで充填されるようになります。さらに、気泡が分散することにより1種の緩衝材のはたらきをしたり、温度変化によるコンクリートへの影響を低減します。

上記の両方の性質をあわせもつ、AE減水剤という混和剤も使われています。

コンクリートの長所は、押される力（圧縮）に対して非常に強く、剛性があることが一番にあげられます。さらに、どんな大きなサイズでも、さまざまな形状のものでも、作り出すことが可能な材料でもあります。

一方、コンクリートの短所は、乾燥するとひびがはいりやすいことです。また、橋など、長い形状のものは作りにくいことや改造・取り壊しが大変困難であることがあげられます。

4-10 染料と顔料

●染料と顔料

　色をつけるインクなどには、大きく分けて染料と顔料の2つの種類があります。パソコンなどで出力する際に使うプリンタにもメーカや機種によって染料系と顔料系のインクを使用するものがそれぞれ存在します。

　染料とは、本来植物の根や花などから抽出したもので、水や油などの溶剤に色素がとけているものです。

　顔料とは、本来、岩や土などを細かく砕いたもので、水や油に完全にはとけずに、溶剤に混ざりあったものです。すなわち、それぞれの塗料を比べると、染料は分子が溶剤にとけている状態、顔料は粒子が溶剤にとけず混ざっている状態なのです。染料の分子の方が細かいということがわかります。

●染料や顔料の種類

　従来染料は、植物などから抽出した天然染料を利用していましたが、現在では価格面などで優れる化学的に合成された合成染料が多く用いられています。

　顔料は、無機顔料と有機顔料の2つに大きく分けられます。無機顔料には天然、人工とあります。一般に無機顔料は不透明で着色力が小さいが、耐光性、耐久力が大きくなります。

　有機顔料とは染料を粉に染めつけ不溶性にしたものです。有機顔料には溶

図4-10-1　染料と顔料

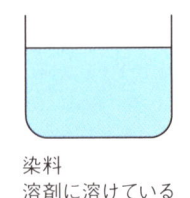

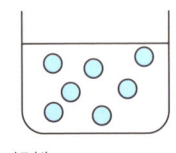

染料
溶剤に溶けている

顔料
不溶で分散している

図4-10-2　染料と顔料の染まり方

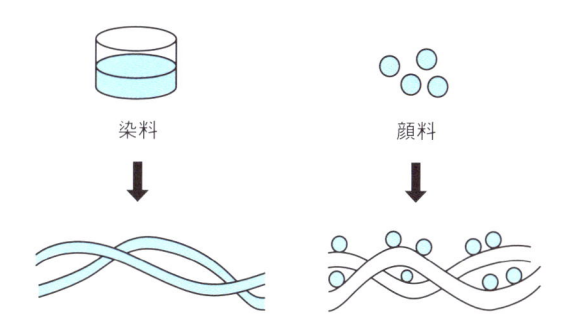

剤にとけない粉末を染料で着色するレーキ顔料と、染料自体を溶液にとけない形にしてつくるトナー顔料とがあります。トナー顔料のほうが染料そのものが存在しているため鮮やかな色合いになります。

●インクの染料と顔料

　インクジェットプリンターで用いるインクには、先ほどあげた染料系と顔料系の2種類があります。この2種類によって、印刷した結果の風合いも変わります。一般に、てかり感、いわゆる光沢が強いのは染料系のインクです。顔料系は、つや消しをした感じに仕上がります。くっきりしてにじみのない印刷結果が得られるのも顔料系の特徴です。

　染料は元々、布や糸、皮などに色を染める場面で使われてきたものです。色付きのシャツは表面だけでなく繊維の奥に色が染みこんで染まっているように、紙の中にまで染み込んで色が定着する仕組みです。染料系のインクは、屋外などで太陽光にさらされたり、雨ざらしになると、すぐに退色してしまう弱点があります。

　顔料は、ペンキや絵の具など塗料として使われるインクです。色の粒子を、樹脂などを接着剤として用いることによって、紙の表面にこびりつかせて色をつけるのです。このインクは、乾くと固まって水に少々濡れたぐらいではにじみません。さらに太陽光などにさらされても、数十年は色あせません。顔料系インクの方がくっきり仕上がるのは、染料系のように紙に染み込まないためです。染料系と顔料系のインクにはそれぞれ一長一短があります。

4-11 難燃剤

●難燃剤とは

　難燃剤は、プラスチックやゴム、木材、繊維など、さまざまな場所に使われる高分子有機材料を燃えにくくするために広く使用されています。難燃剤は、火災によるさまざまな損失を避けるということで、社会に大きく貢献しているのです。技術が進歩していくと、特に電気機器および電子機器が活躍する場面が、増えていくと考えられます。電気を利用した機器は、回路の短絡（ショート）という危険性や配線の劣化などによって、発火する危険性を常にはらんでいます。この危険性に対して、使用している材料などを燃えにくくすることが多くの場面で必要になります。

　難燃性の元素として、塩素、臭素、リンなどがあり、これらを含む物質は難燃性を示します。

●難燃剤の分類

　難燃剤の種類は以下の表のように分類できます。

表4-11-1　難燃剤

有機難燃剤	ハロゲン系、リン系、その他（複合型など）
無機系難燃剤	金属水酸化物、アンチモン系、その他（赤リン系ふくむ）

●難燃剤のしくみ

　有機材料の燃焼は、下記のAからDのようなサイクルで継続します。
　A：可燃性のガスが燃焼する。（可燃ガスと酸素が供給される）
　B：燃焼によって輻射熱が発生して、有機材料の表面温度が上昇する。
　C：有機材料の表面から可燃性のガスが発生する。
　D：可燃性のガスが、さらに燃焼している部分へ拡散する。
　燃焼の進行を食い止めるには、このサイクルが継続しないようにすればよ

いのです。したがって難燃剤は、このサイクルの中の1つ以上に作用する必要があります。

●プラスチックの難燃化

プラスチックなどの高分子有機材料には、以下の化合物を材料に添加することによって、難燃化をはかることができます。

(1)リン含有化合物

添加するリンの化合物としてリン酸エステルという物質があります。この物質を添加したプラスチックは、火を近づけると表面部分のプラスチックとリンが燃えます。すると、プラスチックは酸素と結合し、二酸化炭素、水蒸気と炭になります。一方リンは、空気中の酸素と結合して酸化物になり、それが水蒸気と結合して縮合リン酸という物質になります。そして、プラスチックの表面でできた炭と縮合リン酸が薄い膜をつくるのです。これは燃えない膜となり、プラスチックがそれ以上燃えなくなるのです。リン酸エステルは材料表面でその効果を発揮します。

(2)ハロゲン含有化合物

フッ素、塩素、臭素、ヨウ素、アスタチンという原子をハロゲンといいます。ハロゲンを添加したプラスチックからは、熱により比較的簡単にハロゲン部分が分離します。分離したハロゲンは、水素と化合してハロゲン化水素という気体となり、プラスチック表面に気体の膜をつくります。この気体の膜が酸素や熱を遮断する役目を果たします。また、ハロゲン化水素は他の物質と反応しやすく、プラスチック表面に漂う不安定な原子などと反応して、不安定な原子の連鎖的な発生を止めるはたらきもします。このように、ハロゲン含有化合物は気体層で高い効果を発揮します。

上で挙げた、(1)は物体の表面で、(2)は物体の周りの気体ではたらくため、両方を併用することで効果が大きくなります。

(3)金属水酸化物

水酸化アルミニウムを加えると、温度の上昇によって酸化アルミニウムと水蒸気に分解します。この反応は吸熱反応で、周囲の熱を吸収します。また、発生した水蒸気が大きな熱容量をもつので温度が上がらず難燃化することになります。

4-12 シックハウス

●シックハウスとは

　昔の日本の住宅は、木と紙と土を材料にしていました。このような自然由来の材料からは有害な化学物質は発生せず、隙間が多かったので、有害物質が発生しても換気されて薄められました。ところが、最近の住宅は、化学物質をふくむ建材が多く使用されて、化学物質が発生することが多くなっています。さらに、気密性に優れたアルミサッシなどに変わって、自然換気が行われづらくなりました。このように室内に有害な化学物質が発生することが多くなり、さらに、発生したものが逃げることなく室内に多く漂うことで、さまざまな健康障害が出ることがあります。住宅など建物が原因となる健康障害の総称をシックハウス症候群といいます。その具体的な症状を下にあげます。

（具体的な症状）
・目が痛くなる、目やにが出る、目がチカチカする
・鼻がむずむずする、鼻水が出る、くしゃみが出る、鼻の奥がヒリヒリする
・頭重、頭痛
・気分が悪くなる、吐き気がする
・のどがイガイガする、口内炎ができやすい
・じんましんがでる
・喘息の発作が起こる、痰がからむ

　一見、風邪に間違えられそうな症状が多いのですが、どれも住宅の中にあるその人にとっての刺激物によるアレルギー反応だと考えられます。家を新築や増改築をしたときや引っ越しをしたとき、上記の症状がでたときは要注意です。建材だけでなく家具やカーペット、カーテンなど日用生活のものによっても化学物質が発生していれば、シックハウス症候群の原因となります。

●シックハウスの原因

　2000年12月、厚生労働省によって、シックハウス症候群の原因となる代表

表4-12-1　主なシックハウス症候群の原因物質

化学物質	主な用途
ホルムアルデヒド	消毒剤や防腐剤、樹脂の原料
トルエン	染料・爆薬・合成樹脂などの原料や溶剤
キシレン	有機溶剤・合成樹脂の原料
パラジクロロベンゼン	衣類の防虫剤やトイレの防臭剤
エチルベンゼン	油性塗料、接着剤、インキなどの溶剤
スチレン	合成樹脂・合成ゴムの製造原料
フタル酸ジ－n－ブチル	ラッカー、接着剤、レザーなどの原料や各種合成樹脂の可塑剤
クロルピリホリス	防蟻剤、殺虫剤

的な8つの化学物質の室内汚染濃度のガイドラインが設定されました。

●シックハウスの改善策

シックハウスに対する改善策をいくつかあげておきます。

●エコロジーハウスクリーニング

蒸気と石鹸のみで清掃を行う方法です。そのため、有害な化学物質による生殖機能やアレルギーの心配がありません。また、掃除機も使用しないので排気によるアレルギーの心配もありません。この方法は、免疫力の低い赤ちゃんや病人がいる家庭でも安心して行うことができます。

●ベイク・アウト

室内の温度を30～35℃に上げて、強制的に建材に含まれている化学物質を放散させて、換気によって室内から出してしまう方法です。しかし、材質によっては、作業後にも化学物質が出やすくなるなど、ベイク・アウトが逆効果となる場合があります。また、高温多湿の状態を作り出すので、家具などが傷む危険もあります。

●家材を選ぶ

家材の中には有害な物質が含まれている物があります。それを見直す事で改善策となります。具体的には、接着剤や塗料、壁紙に天然の素材を使うことによってシックハウスを改善することができます。さらに炭を床下などに敷き詰めることも有効になります。炭が有害な物質を吸着するのです。

4-13 アスベスト

●アスベストとは

アスベストとは、天然の鉱物繊維です。漢字では石綿と書いて、「せきめん」「いしわた」と呼ばれます。アスベストは、さまざまな優れた工業的特性を持ち、比較的安価であることから建築材料などとして広く使われています。具体的なアスベストの用途を表に示します。

●アスベストの危険性

アスベストは、そこにあることが問題なのではなく、飛び散って、吸い込んでしまうことが問題となります。アスベストは、非常に細く軽い繊維なので、一旦定着している物から離れると、空気中に浮遊しやすく、人が吸いこんでしまいます。そして、15～40年の時間が経ってから、アスベスト肺や肺がん、悪性中皮腫などの病気を引き起こす危険があるのです。どのくらいの量を吸い込んだら病気にあるのかという相関関係もわかっていませんし、発病しても初期には自覚症状が現れません。

表4-13-1 アスベストの用途

用途	使用例
建造物材料	防火壁、天井、間仕切り壁、外壁
自動車	ブレーキ
運輸	陸・海運施設、輸送設備、船舶・車両
産業機械	建設機械、クレーン、土木建設機械、工作機械
化学設備	耐熱、耐薬品性のシールを要する化学設備
一般民生用	ボイラー、煙突、耐火壁

●アスベストの処理

研磨機や切断機などの使用や、飛散しやすい吹付けアスベストなどの除去

作業において必要な措置を行わないとアスベストが飛散してしまい、人が吸入するおそれがあります。大気汚染防止法、廃棄物の処理及び清掃に関する法律などで予防や飛散防止等が図られています。

アスベストによる健康被害が社会問題化して、その対策に向けて法改正や各種施策が実施に移されていますが、今後1980年代以前に建設された火力・原子力発電所や製鉄所、石油・化学プラント等では、老朽化したプラントの廃止などに伴い、高温部で用いられているアスベストを含んだ保温材などの資材が大量に廃棄されることになります。しかし、国内でのアスベスト含有保温材などの資材の廃棄処理は、ほとんどが埋立処分で、埋立処分場の容量を圧迫しています。そのため、多量に廃棄されるアスベストを無害化する処理技術の早期確立が喫緊の課題となっています。

●アスベストの無害化

今後アスベスト含有廃棄物が大量の排出が見込まれるため、早期の無害化処理システムの構築が求められます。アスベストの無害化は、アスベストそのものを変遷させて、吸いこんでも人体に悪影響を与えない物質に変える必要があります。具体的なアスベストの無害化には、下記のものがあります。

●過熱蒸気による処理

アスベストをふくむ建材を過熱蒸気をもちいることによって、比較的低温かつ短時間で無害化する技術が使われようとしています。このような方法で無害化したものは破砕してコンクリートの材料として使うことができます。

●CAS工法

純度100%のシリコンを微粒子にして無機溶剤を加えた特殊な固化剤をアスベストの建材に噴霧して、厚さ数cmのアスベストの層全体を固化するCAS工法という方法があります。噴霧したシリコンによってアスベスト繊維を太くして無害化します。CAS工法は、アスベストとその周囲を覆った固化剤とが強力に結びつくことによって、繊維が人体に無害な太さになるのです。

第5章

燃料・エネルギーと環境対策の化学

私たちの生活は、燃料、エネルギーなしには成立しません。燃料やエネルギーの供給源は石油、天然ガス、石炭、水力、原子力などですが、とくに石油が主役になっています。省エネやリサイクルを進めながら、現代は、将来のエネルギーとして期待されている太陽光、風力などの再生可能エネルギーや燃料電池への過渡期といっていいかもしれません。ここでは、燃料、エネルギーの化学と共に、化学の技術で可能な水質や大気の環境対策などをみていきましょう。

5-1 燃料1（石油）

●石油とは

石油は炭化水素を主とする無数の化合物からなる混合物で、沸点の違いを利用して分留することにより、燃料や材料として活用します（図5-1-1）。

●生成物とその主な用途

始めに天然ガスが分けられますが、その次に分留される成分がナフサで、そのまま石油化学工業のエチレンプラント原料としたり、改質してオクタン価の高いガソリンや化学工業の原料としたりします。ナフサの次はケロシンが分留されます。ケロシンを精製することにより灯油やジェット機の燃料が得られます。石油ストーブ、石油ランプに代表されるように、日本では「石油」は一般的に「灯油」のことを指します。その次に分留されるのは軽油で、主にディーゼルエンジンの燃料として用いられます。

沸点が350℃以上になりますと、沸騰するより先に炭化水素が熱分解し始めるので、減圧して沸点を下げた状態で分留（減圧蒸留）します。減圧蒸留で得られるのが重油で、それでもまだ気化しない残油にはワセリンやパラフィン、タール、アスファルトなどが含まれています。重油はその粘度により、低いものからA、B、Cの3種類に分けられ、A重油はさらに、硫黄分の含有割合の低いものから1号、2号に分けられています。1号A重油は軽油と同じようにディーゼルエンジンやボイラーの燃料として用いられます。品質は軽油と同等なので

図5-1-1　石油燃料の分留温度

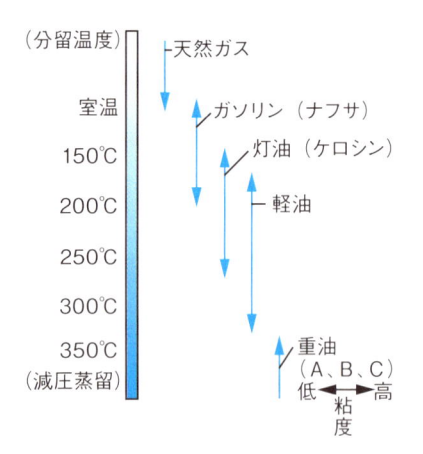

図5-1-2　燃料油の種類別販売量の推移

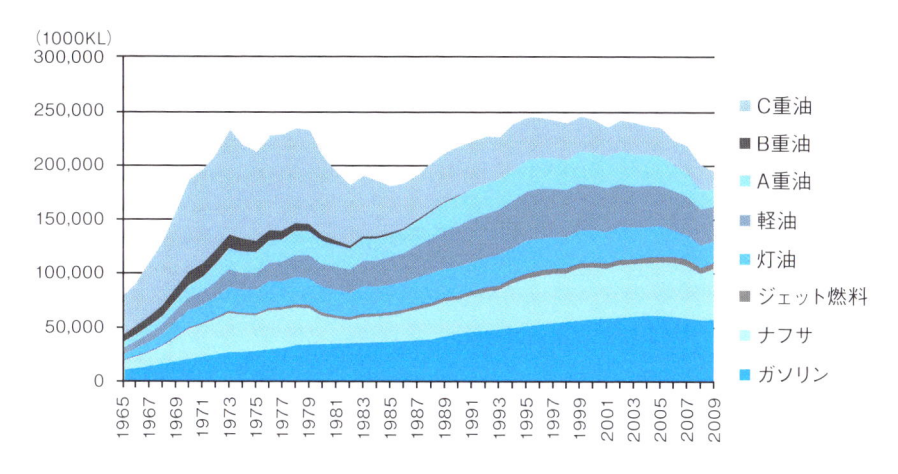

経済産業省「資源・エネルギー統計年報」より作成

すが、税率は低いので、脱税目的で軽油として使われたこともあります。2号A重油は乗用車以外のディーゼルエンジンや中型ボイラーなどで燃料として用いられます。

B、C重油は辛うじて流動性を保っている状態のものです。これらは燃料として用いるために予備加熱装置が必要で、船舶、電力やセメント製造等の特定工場で使用されます。

●石油の用途の変遷

1965から2005年度の、燃料油の種類別販売量の推移（図5-1-2）を見ますと、自動車販売台数増加に伴い、ガソリンと軽油は順調に伸びています。石油化学工業の発展に伴い、ナフサの消費量も伸びています。一方、第二次オイルショック以前は全体の半分近くを占めていた重油は、環境負荷の高さや価格の優位性が低くなったこと、再精製してガソリンや灯油として利用する技術の進歩などから販売量は落ち込んでいます。

2010年度の石油製品の用途別割合では、半分弱が自動車用のガソリン及び軽油で、4分の1が化学用原料のナフサです。電力は7％と低く、重油は主に鉱工業などで使われています。

5-2 燃料2（天然ガス）

●天然ガス

　天然ガスは石油の成分のうち常温では気体のもので、メタン、エタン、プロパン、ブタンからなります。主にメタン（沸点−162℃）を液化したものを液化天然ガス（LNG：Liquid Natural Gas）、プロパン、ブタン（沸点−42.1℃、−0.5℃）を液化したものを液化石油ガス（LPG：Liquid Petroleum Gas）と呼び、身近な所では、LNGは都市ガス、LPGはプロパンガスとして用いられています。

　従来、天然ガスは油田や炭田及びガス田から生産されていましたが、技術の進歩により、特に北米において、シェールガスの生産量が急増しています。その他にもメタンハイドレートの活用など、非在来型の天然ガス資源の開発が、その豊富な埋蔵量をバックに急速に進められています。

●燃料としての特性

　天然ガスは短い直鎖の炭化水素なので水素の含有率が高く、燃焼に際して二酸化炭素放出率が低く、熱効率が高いという利点があります。原子当たりの燃焼熱は炭素の方が大きいですが、水素は一番軽い原子なので、質量当たりにすると水素の方がずっと大きいです。さらに、液化する過程において窒素分、硫黄分が除去されるので、低NOx、低SOx燃料でもあります。

●天然ガス自動車

　天然ガスは自動車燃料としての利点も備えています。ガソリンの自然発火温度は228℃ですが、メタンは540℃、プロパンは457℃です。自然発火温度が低いと、エンジン内で圧縮されただけで発火し、ノッキングを起こすことがあります。天然ガスを用いるとエンジンの圧縮比を高くして燃焼効率を高めることができ、燃費が向上します。また、爆発限界の下限が天然ガス（約5％程度）の方がガソリン（約1％程度）よりも高いので、安全性も高いです。

図5-2-1　発電設備容量の推移

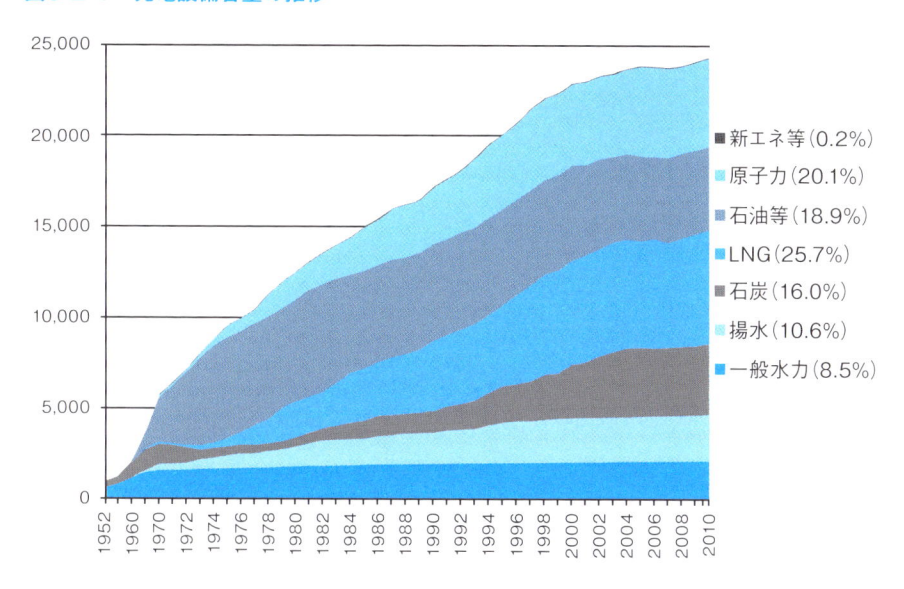

凡例：
- 新エネ等(0.2%)
- 原子力(20.1%)
- 石油等(18.9%)
- LNG(25.7%)
- 石炭(16.0%)
- 揚水(10.6%)
- 一般水力(8.5%)

　課題はガススタンドの設置です。LPGは常温でも10気圧以下の圧力で容易に液化できますが、主流のLNGは沸点が低いので、液化には200気圧程度の高圧が必要です。2007年度において、日本国内の天然ガス自動車数は3万4千台程度、ガススタンドは300カ所以上となっていますが、ガソリンのインフラとは比べものになりません。

●天然ガスによる発電

　石油危機以降、火力発電用燃料における天然ガスの割合はどんどん高くなり、現在は燃料構成比の半分程度を占めるに至っています（図5-2-1）。これは、上に述べた利点に加え、天然ガスが気体の燃料であるためです。現在の火力発電のシステムは、熱により発生した水蒸気により蒸気タービンを回す「汽力発電方式」から、燃焼により生じたガスによりガスタービンを回す「ガスタービン発電方式」とその廃熱を利用した汽力発電方式を組み合わせた「コンバインドサイクル発電方式」へと移行してきています。効率良くガスタービンを回すためには高温高圧下で燃料を燃焼させる必要がありますが、それは気体の燃料である天然ガスにより初めて実現できる方式なのです。

5-3 燃料3（石炭）

　昔はあちこちの小学校にあった石炭ストーブが姿を消し、国内炭坑は北海道以外ではすべて閉山しました。学校の社会科で「エネルギー革命」を学ぶこともあり、石炭は過去の燃料というイメージかもしれません。

●石炭の種類

　石炭は、太古の植物が土中や水中といった酸素の少ない環境で堆積し、地中の高い圧力や温度に長期間さらされることにより酸素や水素が抜け、炭素の割合が高まったものです。

　炭素含有率が高くなれば酸素が少なくなり、発熱量は高くなります。しかし、加熱による揮発分の割合が少なければ燃えにくくなってしまい、燃料には適しません。石炭の質はこれらの兼ね合いで決まります（表5-3-1）。一般的に瀝青炭は無煙炭を凌ぐ高品位炭として流通しています。亜瀝青炭以下は水分含有率が15％以上と高く、低品位炭とされています。しかし、低品位炭の埋蔵量は全石炭の半分程度を占めるので、それらを高品位炭に改質できれば活用できる資源が倍増します。現在、石炭表面を高温高圧の水蒸気や熱水で疎水性に改質して脱水する方法などが開発されています。

●燃料としての特徴

　石炭は固体なので、燃料としての使いやすさは液体の石油、気体の天然ガスにかないません。燃焼時の二酸化炭素や煤塵の発生など、環境負荷も高い燃料です。しかし、二度の石油危機以降、コスト面で石油に対して優位に立ち、2008年現在では、発熱量当たりの単価は石油の6分の1程度となってい

表5-3-1　石炭の種類と炭素の含有率

石炭の種類	（木材）	泥炭	褐炭	亜瀝青炭 （あれきせいたん）	瀝青炭	無煙炭
炭素含有率（％）	(50)	55	70	70～80	80～90	>90

ます。また、石油と異なり世界中で広く産出されるので安定した供給が可能で、さらに埋蔵量が豊富で100年以上先までの採掘が可能と見込まれています。こういった長所のため、現在は日本における発電量の20％程度が石炭を燃料として生み出されていますし、アメリカやドイツ、中国などでは石炭が発電の主要な燃料となっています。

図5-3-1　高炉

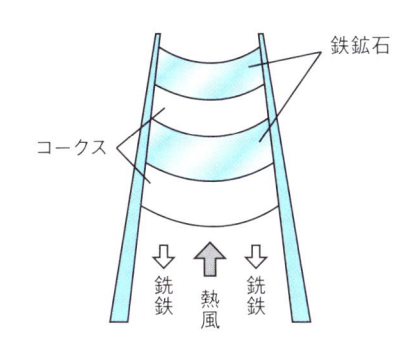

●製鉄における役割

化学工業の主役が石油となったときでも製鉄における石炭の優位性は崩れませんでした。製鉄は、鉄鉱石の主成分である酸化鉄を還元して純粋な鉄を得るもので、そのためには還元剤と2000℃以上の高温が必要です。高温の環境と還元剤の導入とを同時に実現するためには、固体の炭素燃料が最も適しています。製鉄には、高品位炭である瀝青炭を、無酸素状態で蒸し焼きにして硫黄分やコールタール、ピッチを抜き、炭素含有率の高いコークスとして用います。コークスは1kgあたり30MJもの発熱量があり、燃焼により十分な高温を供給することができます。そして、高温におけるコークスと空気との反応から生成する一酸化炭素により、酸化鉄を還元します。

その他にも石炭を用いた次世代高効率火力発電システムの開発など、豊富で安価な資源として活用方法の検討が進んでおり、日本国内の消費量も増加傾向にあります。温暖化対策など環境面での課題は大きいですが、石炭はまだまだ主要な燃料の一つなのです。

5-4 石炭から石油へ
—エネルギー革命—

●産業面の背景

　石炭は紀元前から利用記録のある古い燃料ですが、1769年のジェームズ・ワットによる蒸気機関の発明以後、主要燃料としての地位を築いていきます。石炭が世界に遍在し、人力等で掘り出すのがそれほど困難ではなかったことも追い風となりました。蒸気機関は外燃機関で、汽車や船など、輸送手段の中心的役割を果たしました。また、需要が増大していた鉄鉱産業においても、木炭からコークスへの転換が起こり、石炭の需要は増大していきました。

　一方、石油も古くからその存在を知られていましたが、一般的に地下深くに存在し、石炭に比べて産出する地域も限られていることから、それほど活用されていませんでした。19世紀半ばから20世紀にかけて、石油の掘削技術が向上して産油量が増大し、自動車産業などで内燃機関の開発が進みました。内燃機関は蒸気機関に比べるとスペースを取らず、高い出力を出すことができるという利点がありました。

　急激な進展があったのは第二次世界大戦です。内燃機関でないと飛行機は飛べませんし、軍艦や戦車にしても石炭ではお話しになりません。この大戦では技術革新とともに、石油を押さえることが勝敗に直結しました。ですから、石油の掘削技術も著しい進歩を遂げ、油田の開発が相次ぎ、産油量が増大しました。

●燃料の主役を決めるもの—価格—

　とは言え、戦後直ぐに石炭が石油にその座を追われた訳ではありません。確かに動力は内燃機関に移り、化学工業の主役の座も石油になりつつありましたが、需要が増大していた電力分野ではまだ大きな需要がありました。その地位が入れ替わったのは価格によってでした。戦後間もなく中東で大規模な油田が発見され、原油価格は大きく値下がりし、1バレル当たり2ドル程度まで下がりました。これにより、石炭は大きなダメージを受け、中でも、

図5-4-1　原油価格の推移

原油価格(WTI)
（ドル／バレル）

IMFより

採掘費用が割高だった日本の国内炭坑はほとんど姿を消しました。

　しかし、資源の価格は、人為的なものも含めて様々な要因で変わります。暫く大量の石油を安価に供給していた中東諸国が1960年に石油輸出国機構（OPEC）を設立し、原油価格の管理を欧米の石油業者から自分たちの手に取り戻しました。そして、1973年の第四次中東戦争の際、原油価格は1バレル当たり3ドル程度だったのが10ドル以上に値上がりしました。これが第一次オイルショックです。まだこれでも、石炭に対する石油の価格的優位は変わりませんでした。しかし、1979年のイラン革命による第二次オイルショックにより、石油の価格的優位は崩れました。

　二回のオイルショックを受け、石油は中東に大量に偏在するという特質上、政治の影響を受ける不安定な資源という認識が高まりました。そして、価格と相まって、安定した供給が可能な石炭の活用が見直されてきて、現在では日本国内の発電量の2割弱を占めるまでになっています（→「5−2天然ガス」）。一つの資源に頼ることの危うさに加え、環境負荷の問題なども考慮に入れ、これからのエネルギー供給は、天然ガスや原子力、水力や太陽など、いろいろなエネルギーをミックスして活用する方向で進んでいます。

5-5 石油はいつまで使えるのか

　50年ほど前は「石油はあと30年」と言われていました。しかし、20年ほど前から「あと40年」になりました。最近では「あと50年」のようです。石油は限りある資源なのに、不思議なことです。

●石油の可採年数

　石油の採掘可能な年数（可採年数）は、ある時点での石油の埋蔵量をその年の消費量で割れば算出できます。1980年からの世界の石油埋蔵量変化をグラフに示します（図5-5-1）。ここ20年くらいかけて1兆から1兆3千億バレル程度に徐々に増加していることがわかります。石油の年間消費量は300億バレル程度なので、割り算すると30年から40年になります。石油は日々使われているのに埋蔵量が増えているということは、使用量以上に新規油田が開発されているのでしょうか。

●石油の埋蔵量

　石油は地下数千メートルの、複雑な形状をした地層の中に眠っています。実際に全体の容量を見て確認することは不可能です。そこで、地質学的な調査から石油の総量を推定しますが、それを「原始埋蔵量」と呼びます。しかし、石油があるからといっても地下深くのことなので、全部を掘り出すことはできません。

　そこで、掘り出すことのできる割合を「回収率」とします。原始埋蔵量に回収率を掛けたものが「可採埋蔵量」となり、これがいわゆる「埋蔵量」です。原始埋蔵量が増えなくても、回収率は技術の進歩に伴い増加します。

　例えば、従来石油資源として扱ってこなかったオイルサンドやオイルシェール（石油熟成前の岩石）から石油を抽出する技術が発展し、そこから取れる石油も商業ベースにのるようになっています。掘削技術が進歩し、深くまで掘ることにより新規の油田が見つかる場合があります。また、北海油田やブラジル沖の深海油田のように、地上に比べて条件の悪い海底でも、掘削技

図5-5-1　石油埋蔵量と可採年数

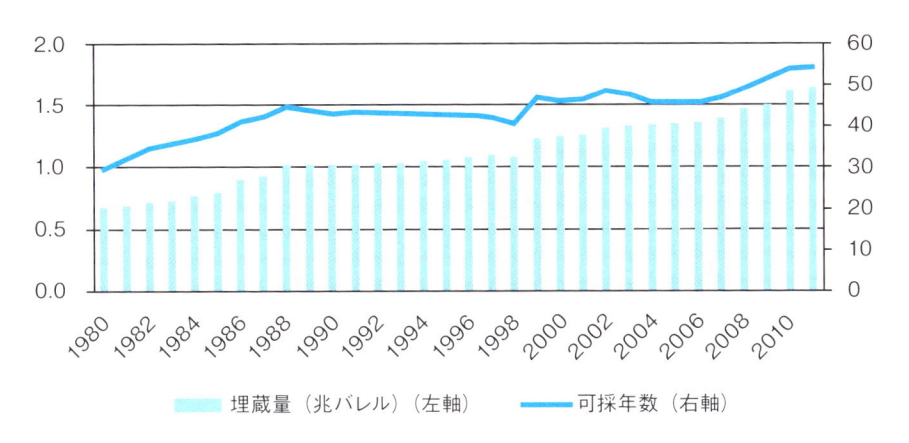

世界の石油埋蔵量と可採年数

■ 埋蔵量（兆バレル）（左軸）　　── 可採年数（右軸）

資料提供：前田高行氏

術の進歩により大油田が発見されてきています。

●埋蔵量を支配する外的要因

　技術の進歩によって埋蔵量は確かに増えるのですが、埋蔵量を決めるもっと大きな要因があります。石油が採れる地域は、地理的に大きく偏っています。採掘地の政情や消費地までの距離により、試掘の投資額・意欲はまるっきり違ってきます。

　未発見の大油田が期待される中東地域では、油田の可採年数が80年程度もあり、OPECによる生産調整もありますので、新規の試掘はそれほど行われておりません。この地域でアメリカや北海油田並みの試掘を行えば、埋蔵量は大きく増加すると考えられます。

　ですから、現在出ている「埋蔵量」はかなり人為的なバイアスがかかったものだといえます。「50年」は、現在発見されている油田の規模から推定される、その下限の値を示しているに過ぎないのです。

5-6 バイオエタノール／バイオマスエタノール

●バイオエタノールの特徴

　バイオエタノールとは植物由来の資源（バイオマス）から生成されるエタノールです。植物はその成長過程において二酸化炭素を吸収して炭水化物を合成します。石油などの炭化水素系燃料を燃焼させてエネルギーを取り出す場合、二酸化炭素の放出は避けられません。しかし、バイオマスが放出する二酸化炭素は、植物が成長過程において吸収した分ですので、その成長と燃焼過程とを合わせると二酸化炭素の放出量は0となります。これを「カーボンニュートラル」と言い、地球温暖化等で二酸化炭素の排出抑制が叫ばれる中、重要視されています。

　石油も大元は植物なのですが、植物が数年から数百年で再生するのに対し、石油は数千万年のオーダーで生成されるので再生可能とは言い難く、カーボンニュートラルとはみなされません。

　バイオエタノールは原油価格の高騰と環境負荷が低いとされることを背景に需要が伸びてきました。ただ、バイオエタノールにしても、作物を育てる過程や輸送、エタノール製造過程等においてエネルギーが必要で、トータルで見るとカーボンニュートラルになっていない場合も多くあります。

●バイオエタノールの利用

　バイオエタノールは主にガソリンに混合して自動車の燃料として用いられます。エタノールはガソリンに比べると引火点が高いので、オクタン価を高める効果があります。しかし、エタノールの割合が高くなると、配管に使われているアルミの部品が腐食するなど弊害が生じます。現在日本では、法律上、エタノール混合率は3％を上限（E3）とされていますが、諸外国ではバイオエタノールの利用を促進するために、10％（E10）やそれ以上の混合率のガソリンが流通しています。

図5-6-1　カーボンニュートラル

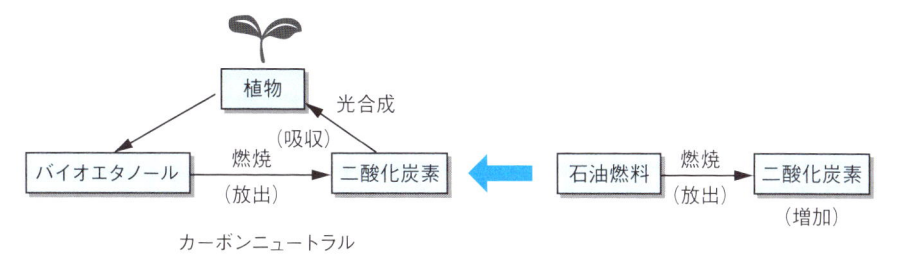

図5-6-2　バイオエタノールの製造

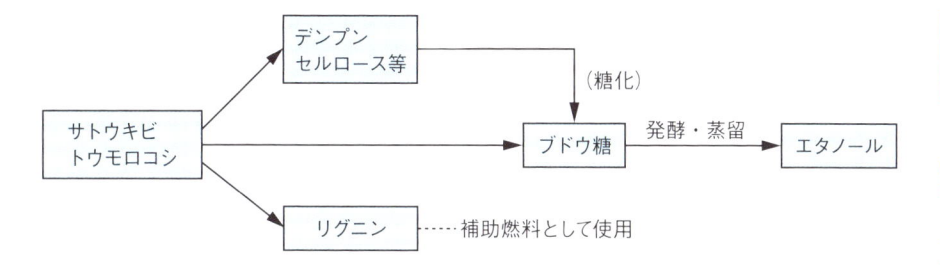

●バイオエタノールの製造方法

　バイオエタノールの主な原料は、ブラジルではサトウキビ、アメリカではトウモロコシです。その他にも、ジャガイモや麦など糖やデンプンを豊富に含む作物が原料として適しています。糖やデンプンからエタノールを合成するプロセスは、酒造と同様、酵母を用いたアルコール発酵です。

　作物を原料とした場合、食料利用との競合や搾りかすの処理などの問題があります。そこで現在、搾りかすや草木、藻などを主に構成する、セルロース、ヘミセルロース、リグニンの活用が検討されています。植物繊維であるセルロースやヘミセルロースも、酸や酵素を用いて糖に分解することができますが、安定なので時間がかかります。なるべく装置や環境に対する負荷を低くし、その速度を上げるための研究が進められています。

　リグニンは木材の骨格となる高分子で分解は困難です。しかし、発熱量の高い燃料になるので、原料としてではなく、バイオエタノール製造に必要なエネルギー源としての活用が進められています。

5-7 いろいろな電池

●電池とは

　電池は、化学変化により発生するエネルギー（化学エネルギー）や光、熱といったエネルギーを、直接電気エネルギーに変換する道具です。化学エネルギーを用いるものは「化学電池」、光や熱を用いるものは「物理電池」といい、一般的に「電池」と言った際にイメージされるのは化学電池です。

　電気エネルギーを発生させるものとして発電機がありますが、発電機は水蒸気を発生させたりタービンを回したりといった、元となるエネルギーを熱や仕事に変換するプロセスを含むので、エネルギーにロスが生じます。電池は直接電気エネルギーに変換するので、高い効率で運用することができます。

●化学電池

　化学電池には、乾電池に代表される使い切りの一次電池、充電可能な二次電池、燃料電池などがあります。燃料電池は、燃料を供給しながら発電を行うといった点で発電機と相通じるものがあり、最近目覚ましい発展を遂げているので詳細は次章で述べることとします。

　電池は、銅や亜鉛など、2種類の異なる金属が正負の極となり、電解質溶液を介して接触した構造をしています。負極で生じた電子が外部回路で仕事をし、正極から電解質溶液を経由して戻ってくることにより、電池は機能します。そういった構造は、電池の種類が異なっても基本的には同じです。表5-7-1にそれぞれの電池の正極、負極の物質と電解質に用いられている主な物質の一覧を示し、それぞれの特徴について説明します。なお、ボタン型電池もありますが、サイズが小さいだけで、中身は乾電池と同じものがほとんどです。

●一次電池と二次電池の違い

　一次電池と二次電池の違いは、充電できるかどうかです。充電すると元の状態に戻りますので、充電とは放電と同じ電池反応を、エネルギーを注入し

表5-7-1　電池の正極／負極／電解質

電池		正極	負極	電解質
〈一次電池〉	マンガン乾電池	二酸化マンガン	亜鉛	塩化アンモニウム
	アルカリ乾電池	二酸化マンガン	亜鉛	水酸化カリウム
	エボルタ	新二酸化マンガン（＋オキシ水酸化チタン）	亜鉛	水酸化カリウム
	リチウム電池	二酸化マンガン	リチウム	リチウム塩＋有機溶媒
〈二次電池〉	鉛蓄電池	二酸化鉛	鉛	希硫酸
	ニッケルカドミウム電池	オキシ水酸化ニッケル	カドミウム	水酸化カリウム
	ニッケル水素電池	オキシ水酸化ニッケル	水素吸蔵合金	水酸化カリウム
	リチウムイオン二次電池	リチウム遷移金属酸化物	炭素	リチウムイオン

て逆向きに進めることに他なりません。例えば、充電可能な鉛蓄電池では、負極の鉛が電子を放出し、正極の酸化鉛が電子を受け取ることにより通常の電池として機能します。充電時には逆向きの電気エネルギーを加えることにより、負極では鉛が、正極では酸化鉛が析出し、元の状態に戻ります。一次電池の場合は、逆向きの反応を起こさせると、水素など気体が発生したりして元通りになりません。そればかりでなく、発生した気体により破裂したり液漏れが生じたりするので、大変危険です。

● 電極

乾電池の電極材料としては、入手しやすさや価格・環境負荷の点から、昔も今も二酸化マンガンと亜鉛が主流です。現在においても、純度を高めた「新二酸化マンガン」（エボルタ）として新たな発展を遂げています。

新しい電極素材として用いられているのがリチウムです。リチウムが電子を放出するときに出すエネルギーは金属の中で最大ですので、リチウムを負極に用いると3V以上の大きな電圧を出すことができます。ただ、リチウムは水と激しく反応して水素ガスを放出するので電解質に水溶液を用いることはできず、パッキングに隙間ができたりすると空気中の水と反応してしまうという難点がありました。リチウムイオン電池ではリチウム遷移金属酸化物

図5-7-1　リチウムイオン電池

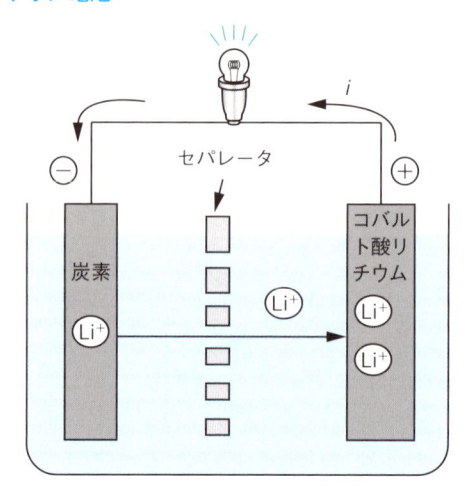

正極のコバルト酸リチウムにリチウムイオンが取り込まれ電流が流れる。
充電時は負極の炭素にリチウムイオンが取り込まれる。
リチウムイオンが正極と負極を行き来するだけで、化学反応は起こらないのが特徴。

を正極物質とし、リチウムイオンと炭素やコバルト酸化物などとの反応を利用することにより、出力の大きさという特性を活かしたまま安全性・安定性を高める工夫がされています。

この他にも、負極物質として水素吸蔵合金が用いられるなど、新しい素材の活用が進んでいます。

● 電解質

電解質としては水酸化カリウムが主流です。強電解質なので大きな電流を取り出すことができるのですが、液漏れが問題になります。これは、電池のパッキングの問題でもあります。通常のアルカリ乾電池の使用推奨期限は5年程度ですが、最近開発されたエボルタでは10年にまで伸びています。電解質溶液はそのままですと保管や保持が難しいので、微粉末に練り込んだり、高分子のゲルに練り込んだりして保持しています。

● 物理電池

　太陽電池や熱電池、原子力電池などの化学変化以外による電池のことを総称して「物理電池」と言います。

　太陽電池はシリコンや化合物半導体を基板に用いたものや、酸化チタンと色素を組み合わせた「色素増感太陽電池」などがあります。半導体型は変換効率が高く、40％を越えるものもあり、太陽光パネルなどで広く実用化されていますが、コストの高さや耐用年数が課題となっています。色素増感型は変換効率と寿命に難点がありますが、製造コストの低さから、将来は主流になると目され、実用化に向けての研究・開発が盛んに進められています。

　熱電池は、温度差を電圧に変換する熱電素子を用いた電池です。効率よく発電するには数百℃という高温の熱源が必要なので、乾電池のように身の回りで使うことは難しいです。しかし、可動部分が無く、化学変化も関与しないので、長寿命の電源となり、コジェネレーションシステムの廃熱利用や宇宙探査機用電源としての実用化が進められています。

　原子力電池は原子核崩壊により生じた熱や光を、熱電素子や光電池を用いて電気エネルギーに変換するものです。長い半減期を持つ放射性同位体を用いることにより、30年以上もの長期間使用可能で、人工衛星などに搭載されてきました。現在では、放射能汚染や太陽電池の進歩により、徐々に太陽電池に置き換えられていますが、太陽圏外への探査機などには欠かせない電池です。

5-8 燃料電池

●燃料電池のしくみ

　乾電池などの化学電池は寿命がありますが、燃料電池は反応物質を連続して供給することにより、電力を供給し続けることができます。そういった点では発電機に似ていますが、電池なので高い効率で稼働します。

　燃料電池で生じる反応は水の合成で、水素と酸素を燃料とし、排出物は水だけという、非常にクリーンな電池です。この反応は、水素と酸素を混ぜ合わせて火を点けることにより、爆発的に起こりますが、その場合、エネルギーは熱や光の形で放出されてしまいます。電気エネルギーとして活用するために、白金などの触媒を用いて、水素から電子を外部回路に取り出し、酸素が受け取る前に仕事をさせているのです。

●水素を燃料とする燃料電池の種類と特徴

　燃料のうち酸素は空気中にあるものを利用できますので、一般には水素のみ「燃料」として位置付けられています。それを反映して、通常の電池の電極は正極と負極でしたが、燃料電池では水素を供給する方を「燃料極」、酸素を供給する方を「空気極」と呼びます。水素から電子を取り出すので、燃料極が負極に、空気極が正極に対応します。

　電池には電極の他に電解質が必要ですが、燃料電池はその電解質により特性が大きく異なります。それぞれの電池の電解質の形、電極物質、電解質と電荷運搬イオン（電気を運ぶイオン）、動作温度の代表例を表5-8-1に示します。

●動作温度と出力

　電池反応は温度が高いほど速くなりますので、燃料電池は動作温度が高いほど高出力となります。動作温度を決めるのは電解質です。リン酸形では水溶液、固体高分子形ではイオン交換樹脂が水を含んで動作しますので、温度を高くすることはできません。一方、溶融炭酸塩形は炭酸塩を融かしてはじめて電荷が移動できるので、融点以上の温度が必要となります。固体酸化物

表5-8-1 燃料電池の構成

燃料電池の形	燃料極	空気極	電解質／電荷運搬イオン	動作温度
リン酸形	白金	白金	リン酸／H^+	200℃以下
固体高分子形	白金	白金	イオン交換膜／H^+	200℃以下
溶融炭酸塩形	ニッケル	酸化ニッケル	炭酸リチウム、炭酸カリウム／CO_3^{2-}	650℃程度
固体酸化物形	ニッケル	ランタンマンガライト	セラミックス／O^{2-}	1000℃程度

形は、1000℃程度に加熱すると酸化物イオンがセラミックス中を動き回れるようになることを利用しており、動作温度は最も高くなります。従って、溶融炭酸塩形と固体酸化物形は高出力の燃料電池となります。

● 使用目的、環境

出力は高い方が望ましいのですが、携帯電話やパソコンなど、身の回りの機器に用いるためには、あまり動作温度の高いものは使えません。一方、高い温度で動作するものは、廃熱を利用したコジェネレーションシステムを設計すればエネルギーの高効率利用に繋がり、大型のプラント用や家庭用のシステムの開発が進められています。

燃料電池のサイズも使用方法に大きな影響を与えます。固体高分子形はイオン交換樹脂の薄い膜を用いるので電解質の体積を小さくすることができます。この燃料電池は初めて実用化されたジェミニ5号に搭載されたタイプで、現在、携帯電話やパソコンなどのバッテリーに活用されています。

● 触媒

低温タイプの燃料電池では、水素の活性を高めるために、触媒として優れた性能を持つ白金など貴金属の利用が欠かせません。しかし、高価な白金をたくさん使うと価格の面で不利になります。そこで、白金を微粒子にして、炭素繊維に固定した炭素粒子などに付着させて用います。微粒子にすることにより質量当たりの表面積が飛躍的に増え、コストや使用体積を抑えながら反応速度を確保することができます。

一方、高温で動作する燃料電池は比較的安価なニッケルなどを電極として用いています。高温だと水素の活性が高くなるので、ニッケルでも十分に触媒としての役目を果たすようになるからです。このように、高温で動作する

図5-8-1 燃料電池の発電のしくみ

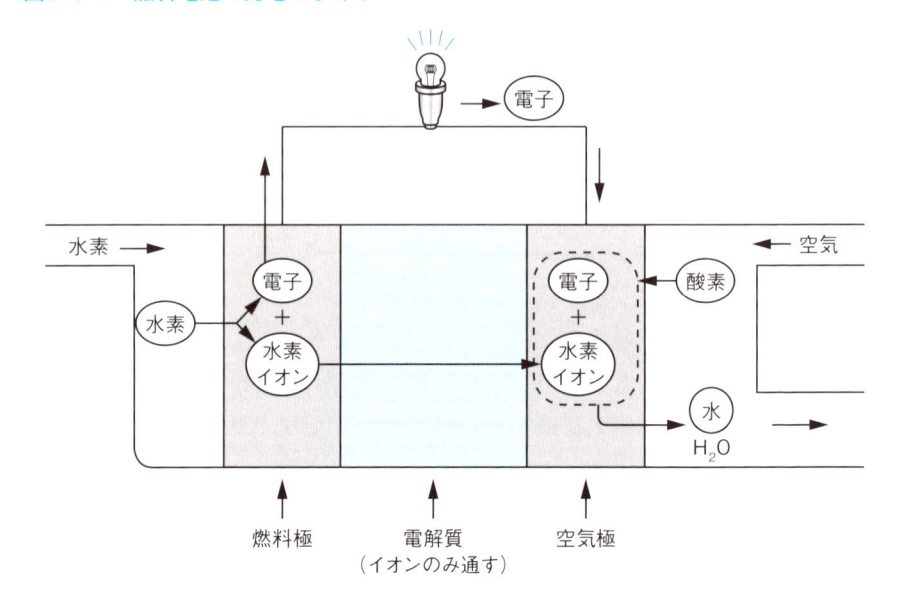

燃料電池は価格の面で負荷が小さいので、大型のコジェネレーションシステムに適しているといえます。

●水素の供給

　燃料電池実用化の大きな課題は水素の製造と貯蔵です。水素は主に化石燃料を原料として製造されており、製造過程の環境負荷がまだ大きく、トータルで見ると「クリーン」なエネルギーにはならないという問題点があります。

　また、水素は気体ですから質量当たりの体積は液体燃料に比べると千倍程度大きくなります。水素を貯蔵する方法としては「高圧」、「液化」、「水素吸蔵合金」の3つがありますが、「液化」のエネルギーロス、「水素吸蔵合金」の重さがネックとなり、高圧水素タンクの開発が主流となっています。

　自動車用の場合、現在のガソリン車と同程度の走行距離（500km）を考えますと、燃料としては5kgの水素が必要となります。現在主流の350気圧の高圧水素タンクでは150L程度と、自動車のガソリンタンクの3倍程度になってしまいますが、既に700気圧の高圧タンクが開発されていますので、この点では実用化の目処は立ったといえます。

図5-8-2　電解質の形による燃料電池の特性

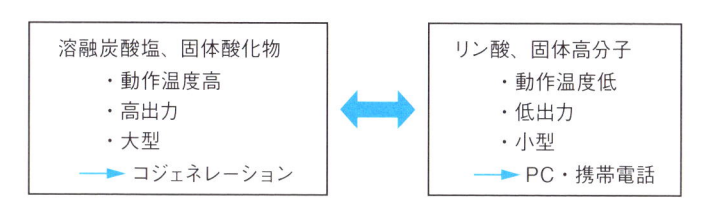

```
┌─────────────────────┐         ┌─────────────────────┐
│ 溶融炭酸塩、固体酸化物  │         │ リン酸、固体高分子      │
│  ・動作温度高         │  ⇔     │  ・動作温度低         │
│  ・高出力            │         │  ・低出力            │
│  ・大型              │         │  ・小型              │
│  → コジェネレーション  │         │  → PC・携帯電話       │
└─────────────────────┘         └─────────────────────┘
```

　ところで、水素を製造・貯蔵するのではなく、メタンを水蒸気と反応させて生成した水素を利用する方法もあります。この反応は「水蒸気改質」と呼ばれ、工業的に主要な水素製造法です。メタンは都市ガスの主成分なので、そのインフラを活用することができ、メタンを燃料とした燃料電池は、家庭用や事業所用の発電及び廃熱利用のコジェネレーションシステムとして製品化されています。

●ダイレクトメタノール燃料電池

　メタノールは、水蒸気改質せずに直接燃料電池の燃料として使うこともできます。「ダイレクトメタノール燃料電池」は、メタノールを燃料極で水と反応させて、直接水素イオンを電解質に供給して機能する燃料電池です。メタノールは液体燃料なので燃料密度が高く、燃料貯蔵の手間・コストが削減できるという大きな利点がありますので、燃料電池自動車や携帯機器の電源などへの応用が進められています。

5-9 省エネの技術（ヒートポンプ）

省エネの技術は、省電力機器の開発、自然エネルギーの利用、インバータによる制御、バイオマス燃料の利用など多岐に渡りますが、本稿では身の回りの家電にも普及してきた「ヒートポンプ」に焦点を絞ります。

●ヒートポンプのしくみ

ヒートポンプは乾燥機や給湯器などでよく耳にするようになりましたが、以前から冷蔵庫やエアコンの冷暖房に用いられていました。近年、その効率の高さから来る環境負荷の低さが注目されています。

ヒートポンプは文字通り、熱を移動させる装置で、「熱い→冷たい」の移動は自然に起きますので、「冷たい→熱い」の移動を行う装置です。ヒートポンプの優れたところは、電気エネルギーを用いて気体を圧縮／膨張させて温度を上昇／低下させますが、放熱／吸熱部では自然な熱の流れを利用することにより、使用電力の何倍ものエネルギーの熱を移動できるところなのです。消費電力に対する室内への発熱／吸熱量の割合である「成績係数」は、エアコンなどでは5〜6と、1を大きく超えています。

●活躍するヒートポンプ

従来から冷蔵庫やエアコンで用いられてきたヒートポンプですが、最近は様々な場面で活用されています。初期の洗濯乾燥機はヒーターを加熱するヒーター式でしたが、ヒートポンプ式はヒーター式に比べ半分程度の消費電力で済みます。環境に優しく、長い目で見ると経済的にも優しい、ということで、多数の製品が出されています。ただ近年、ヒーター式でも温風を循環させて再利用するシステムが開発されヒートポンプと同等の消費電力を達成するなど、この分野の技術開発は止まるところを知りません。

家庭用の給湯器は、ガスの燃焼や電気により水を温めるものが主流でしたが、「エコキュート」に代表されるように、ヒートポンプを用いたものが浸透してきています。エコキュートは冷媒に二酸化炭素を用いた家庭用ヒート

図5-9-1　ヒートポンプのしくみ

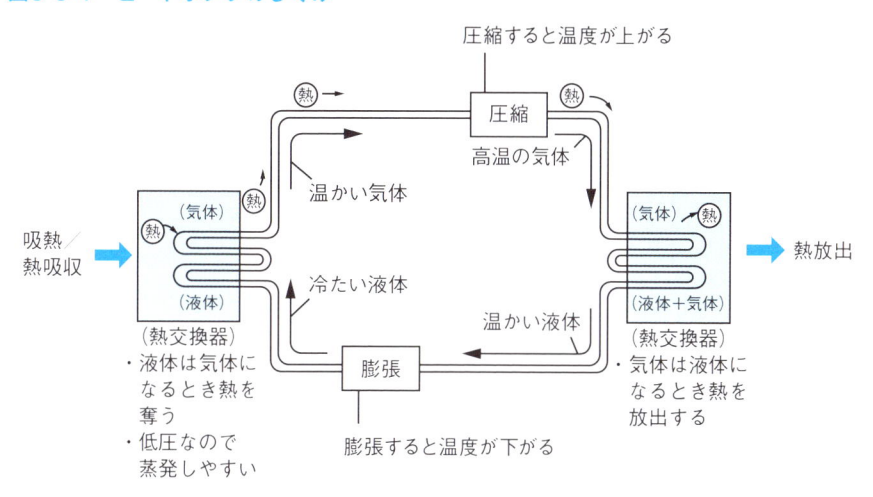

ポンプ給湯器で、現在は各メーカーから販売されています。また、他の冷媒を使ったヒートポンプ給湯器も、いろんな製品が出されています。

その他、病院や工場用のガスタービンや燃料電池コジェネレーションシステムの中で廃熱の有効利用にヒートポンプが使われています。また、家庭用のコジェネレーションシステムも製品化されるなど、普及が進んでいます。

●効率向上のために

ヒートポンプでは廃熱のヒートアイランド現象への寄与が問題となっています。また、放熱部と吸熱部との温度差が大きくなるほど成績係数が小さくなるので、暑い夏の冷房や寒い冬の暖房は効率低下を招きます。そこで、大気よりも熱容量の大きな、地中や湖沼の熱源としての活用が進んでいます。

気体に比べると同体積の固体や液体の熱容量は千倍程度大きくなります。ですから、地中の温度は一年を通じて大きくは変化せず、5mほど掘ると外気に比べて、夏は10℃程度低く、冬は10℃程度高い熱源となります。これを活用することにより、大気を熱源とするより高効率の冷暖房が可能になりますし、廃熱に対する負荷も無視できるくらいになります。

このように、熱を利用する技術は進歩していますが、外部との温度差が効率を左右することからも、冷暖房は控えめに、がエコの基本です。

5-10 光触媒

●光触媒とは？

　光触媒は光のエネルギーを利用して化学変化を起こし、水や有機物を分解する触媒です。代表的な物質として二酸化チタンがあります。

　光触媒に光が当たると、局所的に電子を引き抜く力が強くなると共に電子を供給しやすくもなります。これら「酸化」と「還元」の作用が光触媒の働きで、そばにある分子を酸化／還元することにより分解してしまいます。

　身近なところでは、植物が行っている光合成も光触媒反応です。葉緑体に含まれるクロロフィルが光のエネルギーを吸収し、水分子を酸素分子と水素イオン、そして電子に分解するところから光合成は始まるのです。

●光触媒の用途

●壁などの清浄化―二酸化チタンの超親水性

　光触媒の主な用途として、タイルや窓ガラス、壁などの清浄化があります。二酸化チタンの粉末を塗布しておくと、太陽光が当たることにより光触媒の作用で汚れやホコリ、細菌といった有機物を分解します。しかし、光触媒の

図5-10-1　光触媒のしくみ

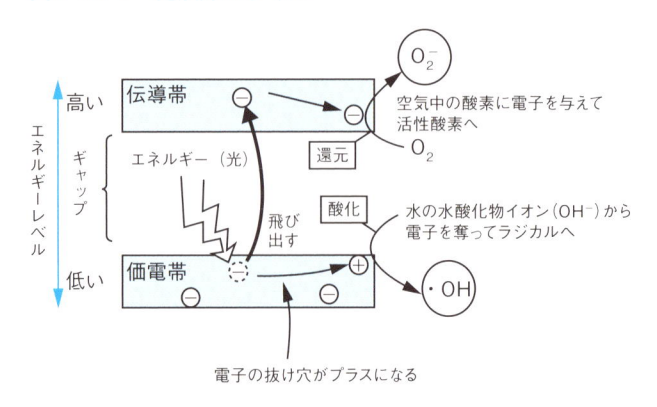

- 伝導帯／価電帯、エネルギーギャップ
- エネルギー（光）により電子が飛び出す
- 還元：空気中の酸素に電子を与えて活性酸素へ $O_2 \rightarrow O_2^-$
- 酸化：水の水酸化物イオン（OH^-）から電子を奪ってラジカルへ $\cdot OH$
- 電子の抜け穴がプラスになる

作用はこれだけではありません。二酸化チタンに紫外線を当てると「超親水性」と言って、非常に水に馴染みやすくなります。表面に垂らした少量の水滴が全面を覆うように広がるのです。この作用により有機物の汚れははじかれ、分解生成物とともに容易に洗い流されてしまいます。この分解・除去のプロセスを「セルフクリーニング」と言い、カーブミラーやテント膜材等、広範囲で利用されています。

超親水性の原理は現時点では未解明ですが、セルフクリーニング以外にも、浴室の曇り止めなどに使われています。また、壁面全体を効率よく濡らすことができるので、気化熱による温度低下を利用した冷房など、応用面の開発がどんどん進んでいます。

● **大気、水、土壌の浄化**

大気中に放出されるダイオキシンやNOx、シックハウス症候群を引き起こす室内の揮発性有機化合物、水道水中や土壌のトリハロメタンなど、低濃度汚染物質の除去に光触媒の活用が進められています。

これらの有機分子の光触媒による分解反応は大気中では常温で進行しますが、触媒と効率よく接触させるために、高速道路の防音壁などに塗布したり、吸着剤と併用したり、いろいろ工夫されています。水中では過酸化水素などの添加により高効率化が図られていますが、浄化後の光触媒の回収方法が検討課題です。

土壌に対しては直接光触媒を添加できないので、汚染物質を揮発させて土壌から分離し、処理する方法などが検討されています。

●光触媒による水の分解

燃料電池などで注目されている水素ですが、光触媒により水から生成する試みも進められています。1960年代に発見された「本多・藤嶋効果」は、電解質水溶液に二酸化チタンと白金電極を浸け、紫外線を電極に照射すると二酸化チタン側から酸素が、白金側から水素が発生するというものです。水素の発生効率がなかなか上がらない等の課題を抱えていますが、近年その価値が再認識され、研究・開発が進んでいます。

5-11 リサイクルのしくみ

●プラスチックのリサイクル

　プラスチックは主に石油を原料とした高分子化合物で、軽くて丈夫、腐食に強い、絶縁性・断熱性・ガス遮断性が高い等、数多くの利点を持つ素材として我々の生活に欠かせないものになっています。しかし、紙や金属缶などと比べると、十分にリサイクルされていないのが現状です。本稿はプラスチックのリサイクルについて述べていきます。

　廃プラスチック（廃プラ）のリサイクルは大きく分けるとマテリアルリサイクル、ケミカルリサイクル、サーマルリサイクルの3つがあります。廃プラのリサイクル率は年々高まって来ており、2008年には廃プラ全体の76％がリサイクルされています。その内訳はマテリアルが28％、ケミカルが3％、サーマルが68％となっております。すべてのプロセスは回収、粉砕、洗浄、選別を経て進みますが、選別までの手間やコストの低減がリサイクルシステムを維持する上で重要になります。

●廃プラの選別

　一口にプラスチックといっても表5-11-1に示すように、多種多様の製品が存在し、また、複数の原料からなる製品も多数存在します。

表5-11-1　様々なプラスチックの略号と用途例

製品名	略号	用途
ポリエチレンテレフタラート	PET	飲料用、調味料用
低密度ポリエチレン	LDPE	ラップ、食品チューブ
高密度ポリエチレン	HDPE	包装材、洗剤容器
ポリスチレン	PS	食品用トレイ、ウレタンスポンジ
ポリプロピレン	PP	フィルム、ラベル
塩化ビニル	PVC	ラップ、食品用シート

図5-11-1　比重による選別のしかた

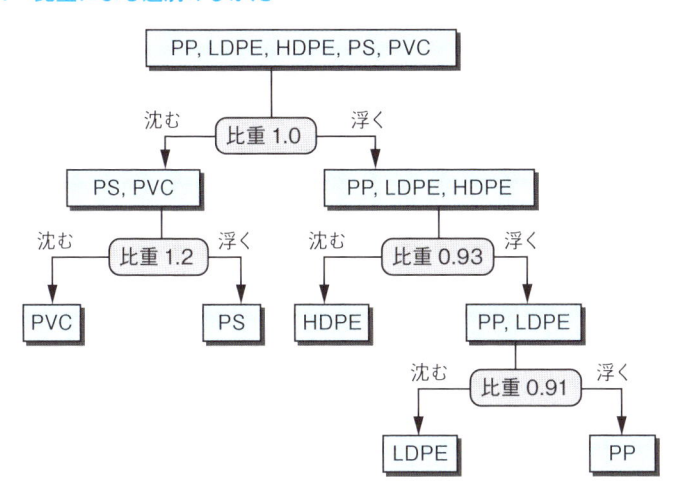

```
                    PP, LDPE, HDPE, PS, PVC
                              │
                    沈む ── 比重 1.0 ── 浮く
                      │                 │
                  PS, PVC          PP, LDPE, HDPE
                      │                 │
              沈む─比重1.2─浮く   沈む─比重0.93─浮く
                │         │       │           │
              PVC        PS     HDPE       PP, LDPE
                                               │
                                       沈む─比重0.91─浮く
                                         │           │
                                       LDPE         PP
```

　同じく石油を出発点として合成されたプラスチックですが、その種類が異なると、以下のような相違点が問題になります。
・融点や軟化点、溶融挙動（レオロジー）が異なる。
・耐熱性、耐薬品性、力学的な安定性が異なる。
・ほとんどの場合、異なるプラスチックは互いに溶け合わない。

　このような素材を溶融混合したとしても相分離を起こし、見た目や物性の低下を引き起こします。いろいろな素材が混在した回収廃プラを、いかに純度よく選別するのかということは、リサイクル品の品質に直結する重要なプロセスなのです。

　主な選別方法として、比重や光を用いたものがあります。比重は水だけを用いたものですと1以上／以下でしか分けられませんが、水にエタノールや食塩を溶かすと、比重0.8から1.2での選別が可能となります。よく用いられているプラスチックの比重はおおよそ、PP 0.9、LDPE 0.92、HDPE 0.95、PS 1.05、PVC 1.3ですので、水、比重0.93と0.91のエタノール水溶液、比重1.2の食塩水を用いて選別できます（図5-11-1）。

　光を用いた選別は、近赤外線や赤外線、レーザー光などを当てて、樹脂特有のスペクトルや温度変化を検出します。これらの手法では選別精度は非常に高くなりますが、個々の砕片を見るので選別速度が限られること、選別装

置自体が高価なので対費効果の検討などが課題です。

●マテリアルリサイクル

　マテリアルリサイクルでは廃プラを元の樹脂のまま原料にして新しい製品を作ります。最も効率が良いのはリユースで、ビールなどのコンテナやレンズ付きフィルムの一部などで実施されています。買い物袋の再利用なども立派なリユースです。しかし、大量に流通している PET ボトルのリユースは、日本では限られた範囲で試験的にのみ行われている状況です。

　次の段階としては、廃プラをフレークやペレット状の再生原料とし、それらを溶融成形することにより製品とします。例えば、ボトル、自動車のタイヤ、食品トレイ、塩ビパイプなどがよくあるマテリアルリサイクル品です。溶融成形の際、異なる成分の樹脂の混入率が高いと歪み等を生じ製品価値を下げてしまうので、先述の「選別」が重要となります。

　選別のコストがリサイクルコストに跳ね返りますので、その手間をなるべく省くために、異種の樹脂どうしを溶解させる「相溶化剤」の開発が進められています。相溶化剤は界面活性剤の一種で、異なる樹脂の界面のエネルギーを下げて互いに良く混じり合うようにする働きを持ちます。

●ケミカルリサイクル

　マテリアルリサイクルでは選別をきちんとしても品質の劣化は避けられません。しかし、樹脂を構成する高分子（ポリマー）を単位物質（モノマー）にまで分解すると、新たに元の品質の樹脂を作る原料となります。また、分解・合成を経て、有用な物質を新たに作り出すこともできます。このように、化学変化により有効利用を図るのがケミカルリサイクルです。

　PS や PE、PP は熱分解によるモノマー化のプロセスが確立されており、PS では70％以上のモノマー回収率が得られています。副生成物も A 重油などに分類される炭化水素として回収されます。

　PET はエチレングリコールやメタノールを混ぜて、原料のテレフタール酸ジメチルやテレフタール酸にまで分解する方法などが開発されています。しかし、海外における廃ペットボトルの資源としての価値が高くなり、原料不足のため国内では採算が合う事業とするのは困難な状況です。

図5-11-2　廃プラのリサイクル

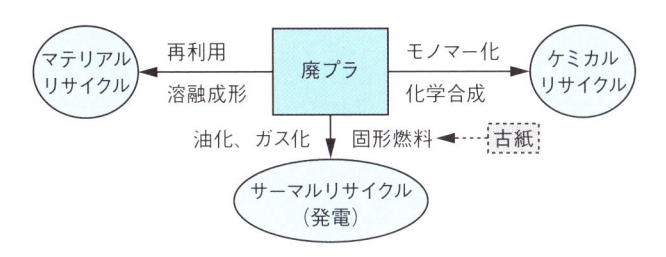

モノマー化以外では、プラスチック製容器包装の再商品化手法として、高炉原料化、コークス炉化学原料化、油化、ガス化、があります。金属等の不燃物を取り除いて選別し、粉砕・成形して高炉で鉄鉱石の還元剤としたり、コークス炉の原料としたりします。

●サーマルリサイクル

樹脂は石油を原料とし、主に炭素と水素とからなるので、燃料としても大変優れています。燃やすことはリサイクルには当てはまらないように思えますが、サーマルリサイクルは廃プラを燃料として発電を行うもので、エネルギーとしてのリサイクルということになります。サーマルリサイクルは選別の精度をそれほど必要としないという大きな利点があります。

廃プラはそのままでは形状・品質の点から燃料とすることは難しいので、油化したりガス化したり、固形燃料としたりして活用しています。固形燃料として当初は自治体により収集された廃プラと一般廃棄物とを混合したRDF（Refuse Derived Fuel）が用いられていましたが、生ゴミに含まれる塩分によるダイオキシンの発生などが問題になり、現在では民間企業の分別収集による、紙と廃プラから作るRPF（Refuse Paper & Plastic Fuel）の活用が進められています。

5-12 フロン(1)
―夢の物質から魔の物質へ―

　フロンとは、クロロフルオロカーボンといういくつかの化合物をまとめて呼ぶときの総称で、これらの化学式は似ており、また性質も似ています（表）。フロンは自然界には存在せず人間の手で作り出されました。フロンの代表的な性質は、「不燃性（熱に対して安定）」、「人体に対して無毒」、「低沸点」、「溶剤として優れている」などです。

表5-12-1　代表的なフロン（特定フロン）

フロン番号（化学式）	構造式
11（CCl_3F）	
12（CCl_2F_2）	
113（$CClF_2-CCl_2F$）	
114（$CClF_2-CClF_2$）	
115（CF_3-CClF_2）	

図5-12-1　オゾン層の形成と破壊

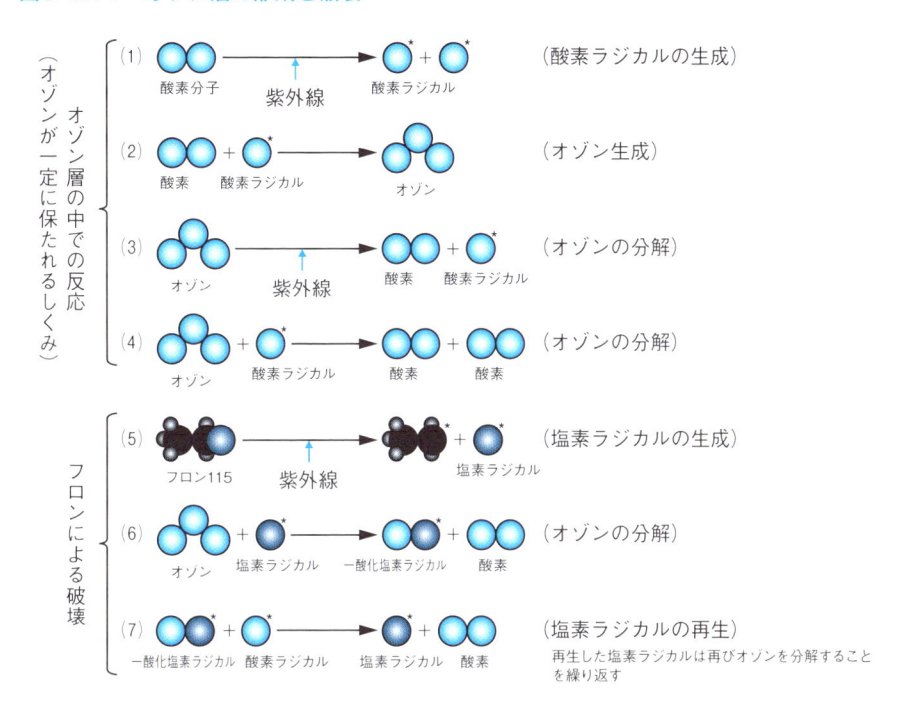

オゾン層の中での反応（オゾンが一定に保たれるしくみ）

(1) 酸素分子 + 紫外線 → 酸素ラジカル* + 酸素ラジカル*　（酸素ラジカルの生成）

(2) 酸素 + 酸素ラジカル* → オゾン　（オゾン生成）

(3) オゾン + 紫外線 → 酸素 + 酸素ラジカル*　（オゾンの分解）

(4) オゾン + 酸素ラジカル* → 酸素 + 酸素　（オゾンの分解）

フロンによる破壊

(5) フロン115 + 紫外線 → (生成物)* + 塩素ラジカル*　（塩素ラジカルの生成）

(6) オゾン + 塩素ラジカル* → 一酸化塩素ラジカル* + 酸素　（オゾンの分解）

(7) 一酸化塩素ラジカル* + 酸素ラジカル* → 塩素ラジカル* + 酸素　（塩素ラジカルの再生）
再生した塩素ラジカルは再びオゾンを分解することを繰り返す

　もともとフロンは、冷蔵庫やエアコンの冷媒、消火剤、スプレーの噴射剤として使われていましたが、回収が容易なことから、半導体産業において基板の洗浄液として、建築用断熱素材である発泡ウレタン樹脂の発泡剤などとして広く使われるようになりました。フロンはまさに、人類にとって夢の物質だったのです。

　ところが1970年代、大気汚染などの環境問題が取り上げられる中、フロンがオゾン層の破壊に関与していることが明らかになりました。フロンは沸点が低く不燃性で生物によっても分解されないため、一度大気中へ放出されると長期間安定に存在することになります。これが問題を深刻にしているのです。

　太陽光に含まれている有害な紫外線はオゾン層で吸収されます。オゾンは、紫外線を吸収すると分解しラジカルを発生させます。ラジカルとは、オゾンに限らず、ある分子が光などからエネルギーをもらって一時的に反応性が高

くなった状態のことを指し、近くにいる分子を手当たり次第に攻撃する性質があります。ラジカルには『暴れん坊』という意味もあります。ラジカルが怖いのは、ラジカルの攻撃を受けた分子もラジカルに変化し他の分子を攻撃するという連鎖反応が起こることです（図5-12-1）。オゾン層破壊で特に問題となるのは、図の(6)と(7)の間でサイクルができることで、1個の塩素ラジカルが最終的に数万個のオゾン分子を分解すると言われています。

このように、フロンによるオゾン層破壊のしくみが明らかになり、オゾン層に対して特に悪影響を与えるフロンを『特定フロン』に指定し、世界中でその製造・使用・大気への放出が禁止されるようになりました。しかしながら、オゾン層の破壊はフロン以外にも原因があるという報告もあり、フロンだけを規制してもだめだという人もいます。

現在、企業などから回収されたフロンは、焼却炉で酸素や水蒸気などとともに1,000℃前後の高温で分解されています。その際、フッ素や塩素を含んだ排ガスが出ますが、環境を汚染しないように吸着剤などを用いて処理されています。また、フッ素や塩素を含んだ排ガスは焼却炉を腐食する性質があるため、頻繁に部品を交換したり、腐食に耐えられる特殊な部品が使われています。新しい技術開発は続けられているものの、今なお、フロンを分解するために多くのエネルギーとコストがかかっています。

人々の暮らしを豊かにするために創られたフロンを、自らの手でしかも新しい技術を使って分解処理しなければならないというのは、何とも皮肉な話です。恐らく、フロンが使われ始めた頃は誰も想像していなかったことでしょう。

今日でも、ナノ材料をはじめとして私たちの暮らしを豊かにする夢の物質が次々に作られています。これらが将来、後世の人々にとって魔の物質とならないよう注意を払っておく必要があります。

5-13 フロン(2) ―代替フロン―

前節で説明したように、フロンは私たちの生活を豊かにしましたが、オゾン層破壊という魔の物質としての側面も持ち合わせています。そこで、従来のフロンと同等の性質を持ちながら、オゾン層を破壊しない物質の開発が進められ、「代替フロン」ができました（図5-13-1）。

●代替フロンの問題

ところが、この代替フロンにも問題がありました。代替フロンは、オゾン層を破壊する性質は弱いものの、二酸化炭素の数千倍も温室効果が大きい物質だったのです。フロンにも温室効果があることはわかっていましたが、オゾン層破壊の方がより問題視されたため、代替フロン開発の際には考慮されませんでした。今後は、これまで作ってきたフロン類（フロンや代替フロン）を回収し分解・無害化する作業を進めなければなりません。

フロン類は人類が作り出した新規物質です。新規物質の場合、基本的な物性や化学的性質は実験室でも調べられますが、環境中に放出されたときに地球規模でどのような挙動を示すかについては実際のところわかりません。そのため、フロン類に代わる新規物質を作る研究はあまり進められていません。今のところ、フロン類の代替品としてイソブタンや二酸化炭素が使われています。イソブタンは石油由来の物質であり可燃性です。二酸化炭素は不燃性ですが、熱効率が悪いのが難点です。

図5-13-1　代替フロンの一例

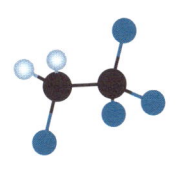

フロン134a
（CH_2F-CF_3）

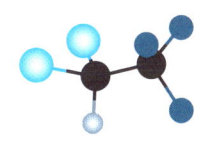

フロン123
（$CHCl_2-CF_3$）

フロン141b
（CH_3-CCl_2F）

5-14 環境にやさしい「エコ素材」

　私たちはさまざまな素材（高分子材料や複合素材）を使って生活しています。そして、木綿やウールなどの天然物を除くほとんどの素材は石油を原料としており、また、原料から製品を作る際に必要なエネルギーも石油から得ています。ここでは、製造にかかる原料やエネルギー源としてできるだけ石油を使わない、あるいは使用後も環境に悪影響を及ぼさない材料をエコ素材と呼ぶことにします。

●どこがエコか？

　図5-14-1にエコ素材の位置づけを示しました。この図によれば、天然物は入り口も出口もエコな素材と言えます。

●バイオベースプラスチック

　一般に、バイオマス由来の原料を使って人工的に作られた高分子材料はバイオベースプラスチックと呼ばれ、入り口がエコな素材です。このとき、その素材に生分解性があるかないかは関係ありません。

図5-14-1　エコ素材の位置づけ

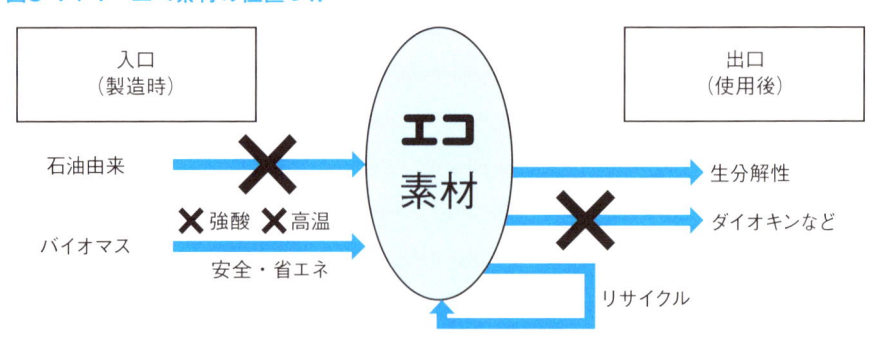

　代表的なバイオベースプラスチックはポリエステルの一種であるポリ乳酸です。ポリ乳酸は、家畜飼料用のトウモロコシなどから得られたデンプンを

図5-14-2 トウモロコシからポリ乳酸ができるまで

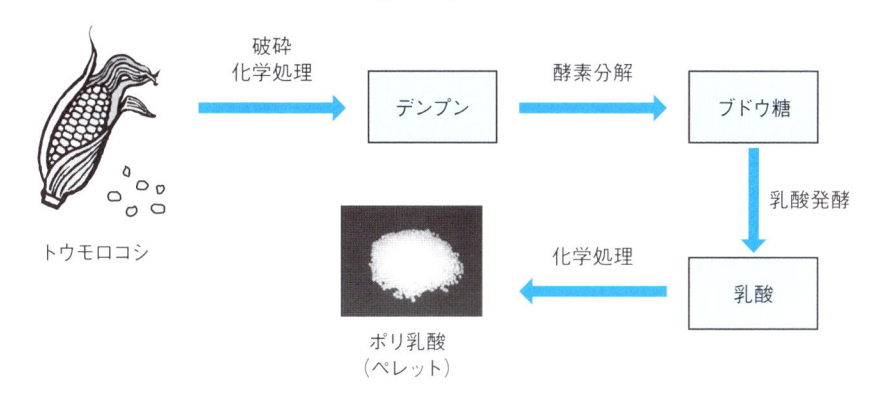

酵素処理してブドウ糖に分解し、乳酸発酵してできた乳酸を化学的に重合したものです（図5-14-2）。ポリ乳酸は、ポリスチレンやポリエチレンテレフタラート（PET）の代替品として使われることが期待されています。ちなみに、A4サイズのポリ乳酸シートはトウモロコシ10粒から作ることができます。

●生分解性プラスチック

人工高分子でありながら、微生物や酵素などの働きによって分解される材料を生分解性プラスチックと呼び、出口がエコな素材です。ここでいう分解とは、単に材料がボロボロになって小さな破片になること（＝風化）ではありません。構成成分である炭素化合物が完全に二酸化炭素と水になることです。二酸化炭素になれば、植物が再び光合成の原料として使えるようになります。例えば、ポリカプロラクトンやポリビニルアルコールが知られています。

●製造者と消費者が一体で

現在、エコ素材は、その多くがコスト面に問題があり普及が進んでいません。今後は、製造者側の努力だけでなく、私たち消費者もエコ素材を使うことの意義を理解し、製品を選ぶことが普及のカギになります。

5-15 バイオレメディエーション

　バイオレメディエーション（bioremediation）の「バイオ」とは生物、「レメディエーション」とは治療の意味を持ち、微生物、菌類、植物などを用いて、有害物質で汚染された水や土壌を、元の状態に戻し修復する処理のことです。

　例えば、工場の跡地にマンションを建てようとしたとき、その土壌に様々な有害物質が含まれていては安心して住むことはできません。しかし、大量の土壌を入れ替えることは広い敷地では経費的にも大変なばかりか、次にその汚染した土壌の捨て場に困ります。そこで、用いられる技術の1つがバイオレメディエーションです。また、タンカーが座礁したとき、流れ出る原油による海洋、海岸の汚染が非常に広範囲なために、とても人の手だけでは処理できません。このような場合にもこの技術が利用されているものです。

　バイオレメディエーションの特徴は、まず生物を用いるので投入エネルギーが少なく、浄化費用が安くなります。そして、二次汚染の可能性が低いことから、広い環境の汚染地に利用できます。さらに修復する場所に本来生息していた生物を活性化して使う場合は、外来生物による影響はありません。しかし、適切な生物が生息していない場合、分解する物質に応じた微生物を多くから選び、導入する場合があります。

●汚染物質

　除去したい物質には、重金属（鉛、カドミウム、水銀、銅など）、重油など石油製品、化学物質（ベンゼン、環境ホルモン、ダイオキシン、PCBなど）、農薬、放射性物質などがあります。ほとんどの物質に対して化学的な分離方法、分離技術、分解技術も開発されているのですが、バイオレメディエーションは工場内、実験室内でなく、広く自然環境でこそ生かせる技術です。イネ、カラシナ、アブラナ、ヒマワリなどが重金属を吸収、蓄積することが報告されており、重金属を蓄積したものを収穫する簡便さから、植物をバイオレメディエーションに利用することに期待されています。近年では、

表5-15-1 バイオレメディエーションの分類

技術名称	説明
バイオオーグメンテーション	対象物質を分解できる微生物を外部で培養した上で修復現場に導入し、浄化する技術
バイオスティミュレーション	修復場所に生息する微生物に栄養を与え活性化させ、浄化する技術
ファイトレメディエーション	根を通して汚染物質を水、栄養とともに植物に吸収させ、浄化する技術

　福島原子力発電所の事故による放射性物質による広域土壌汚染の浄化にチェルノブイリを参考にヒマワリが注目されましたが、セシウムの吸収は期待ほどではありませんでした。

●バルディース号原油流出事故

　バイオレメディエーションの成功例には、1989年にアラスカ沖で発生したエクソン・バルディース号の原油流出事故があります。原油汚染の除去修復にエクソン社とアメリカ環境保護庁（US‒EPA）が共同で、海岸に栄養剤（肥料＝チッ素やリンなど）を散布し微生物の働きを活性化するバイオスティミュレーションを初めての大規模試験として用いました。実施されたバイオレメディエーション試験は119 kmの海岸線に及ぶ大規模なものとなり、その有効性と安全性を評価するために詳細な科学的データがとられました。その後、大規模な原油流出事故でも多く活用されています。

●ナホトカ号原油流出事故

　1997年1月2日、ロシア船籍タンカー「ナホトカ号」は、島根県隠岐島沖で大シケに会い、船体が破断しました。切り離された船首部分は漂流し、1月7日、福井県三国町安島沖に漂着・座礁しました。この事故によって、積載されていたC重油約19,000 kLのうち、約6,240 kLが海上に流出、島根県から秋田県に至る1府8県の海岸が汚染されました。流出油への分散剤の効果は薄く、漁民からの海洋汚染を恐れる声から、バケツと柄杓による人海戦術に切り替えられました。そこで、地元の理解が得られる範囲で微生物製剤を使ったバイオレメディエーションが大学、企業、研究所など4つの機関によって実施されました。

図5-15-1　バイオレメディエーション

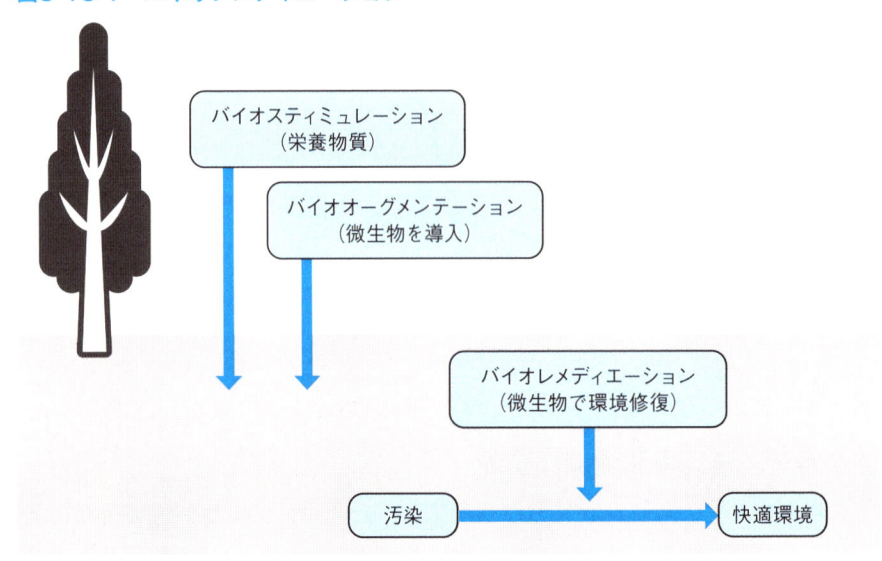

- バイオスティミュレーション（栄養物質）
- バイオオーグメンテーション（微生物を導入）
- バイオレメディエーション（微生物で環境修復）
- 汚染 → 快適環境

●工場跡地の汚染除去

　1995年　千葉県君津市工場跡地の地下水がトリクロロエチレン汚染していることがわかり、ＮＥＤＯと君津市が協力し、バイオスティミュレーションの後に、メタン資化細菌によるバイオオーグメンテーションを実施しました。

●今後の問題

　バイオレメディエーションには、大きく2つの問題が残されています。1つは微生物と同時に大量の栄養剤と界面活性剤がまかれることです。これらが周辺農地などの二次汚染を引き起こさないか検証が必要です。

　次に多くの微生物の病原性、毒性試験、生態系への影響です。とくにバイオオーグメンテーションの場合、修復現場にこれまで生存していなかった微生物を散布しますので、これが微生物相に与える影響を検討しなければなりません。しかし、これまでの実施例では、他に方法が困難、コスト、広範囲の汚染、緊急性が高いなどの理由で、上記の問題を残したままでバイオレメディエーションが選択されました。とくに遺伝子操作を施した高性能化した微生物を解放系に用いる判断は慎重であるべきです。

5-16 バイオハザード

　バイオハザードとは、バイオ（生物）とハザード（危険）の造語で、一般的に病原微生物などによる感染によって、人（社会）への危険性を意味します。この言葉は現実の事故からではなく、1996年にカプコンより発売されたプレイステーション用ホラーアクションアドベンチャーゲーム「バイオハザード」からです。ゲームでは細菌兵器のＴ–ウイルスが漏れ出し、次々と感染していきます。

　最近では、バイオテロの脅威だけでなく、大規模食中毒、医療感染事故、遺伝子組換えによる危険性もこの概念に入れられています。

●原因生物

　バイオハザードは、人へ感染するウイルス、微生物、寄生虫が原因で引き起こされます。病原菌の多くは風土病の原因生物で、症状は軽い下痢、発熱から重篤なもの、死にいたる場合もあります。例えば旅行者が風土病や新型インフルエンザに感染し、多くの人に伝染させ、発病すると大規模な災害になります。

　原因生物を意図的に大規模に散布するとバイオテロになります。とくに製造、取り扱いが簡単、安価、自身は事前に対策できるなどから炭素菌、天然痘ウイルス、ペスト菌、ボツリヌス菌毒素が利用されます。2001年、炭疽菌の入った手紙が米国の報道機関や議員宛てに送りつけられ、22名が感染、うち5名が死亡しました。

●封じ込め対策

　医療機関、研究機関で原因生物を取り扱う場所では基本的には2つの封じ込め方法によって安全を確保しています。実験施設や設備による物理的封じ込めと、取り扱う生物種の取り決めによる生物学的封じ込めの2つです。

　物理的封じ込めとは、手洗い、消毒、高圧蒸気滅菌器（オートクレーブ）などで原因生物を死滅させ、さらに自動ドア、安全キャビネット、更衣など

図5-16-1　感染性廃棄物を示すバイオハザードマーク

図5-16-2　P3レベルの実験室例

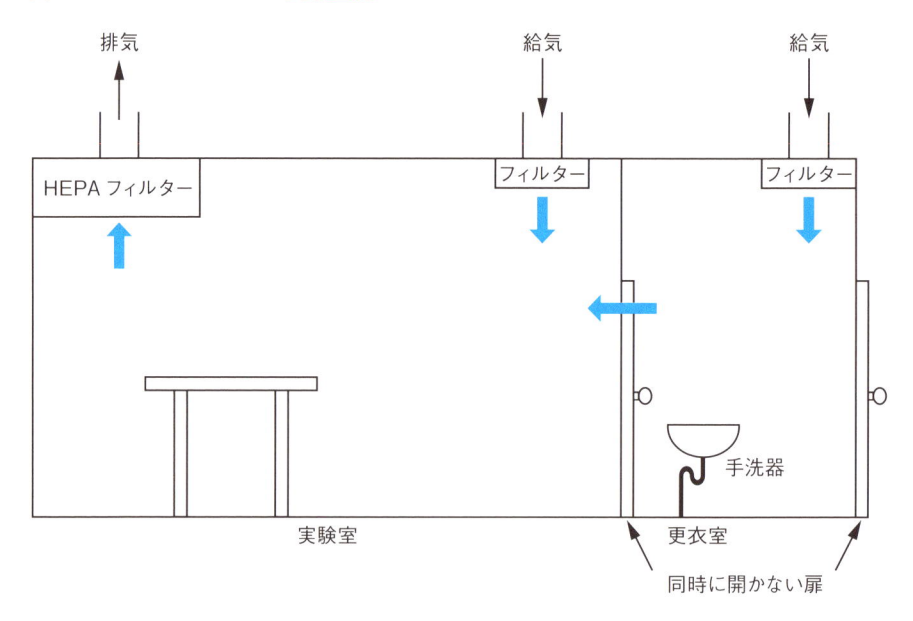

　で拡散を防ぐことです。
　例えば、病院における感染性廃棄物の適切な管理や手洗いの励行が、院内感染を防ぎます。特定病原体等取扱施設においては、出入口にバイオハザードマーク（図）を表示します。ヒトの病原菌を取り扱いができる最高度安全施設レベル4は世界中で50施設（国内2カ所）もありません。

生物学的封じ込めとは、取り扱う生物種で制限を加えるものです。Ｂ１とＢ２の２つのレベルがあります。とくにＢ１レベルのものは、自然条件下では生存能力が低く、他の細胞、微生物に遺伝子が移行しにくいため、安全性が高いと認められています。

毒性がなく自然環境下での生存能力も低い大腸菌、酵母菌、枯草菌、動植物培養細胞うち、さらに安全性が認められている宿主とベクター（遺伝子の運び屋）が指定されています。

●レベル４施設

最高度安全実験施設ではラッサ熱やエボラ熱などの感染性の病原菌の研究をおこなうことができます。世界では40〜50の施設があり、日本国内には国立感染症研究所と理化学研究所筑波研究所の２か所だけです。しかし、近隣住民の同意が得られず、レベル３までの運用にとどめられています。

●遺伝子組換え生物

遺伝子組換え技術が開発されて間もなく、1975年、合衆国カリフォルニアのアシロマに28カ国、150人ほどの科学者らが集まり、ガイドラインが議論されました。中心となったのは、ポール・バーグ、ジェームズ・ワトソン、シドニー・ブレナーらノーベル賞受賞者と、腫瘍学のロバート・ポラックらでした。これは遺伝子組換え技術のルールを設けなければ、人が作りだした生命体や実験に用いた生物が拡散する恐れがあるからです。その後、ガイドラインは遺伝子組換え生物による生物多様性の破壊を防ぐためにバイオセーフティーに関するカルタヘナ議定書にとってかわりました。

日本国内法としては、従来の組換え DNA 実験指針に代わり、「遺伝子組換え生物等の使用等の規制による生物の多様性の確保に関する遺伝子組換え生物等規制法」、「カルタヘナ法」が制定され2004年に施行されました。

5-17 水質浄化

　天然で最も不純物が少ない水は雨水です。しかし、その雨水でさえ大気中の様々な物質（ちり、無機塩類、空気中のガス成分）を含んでいます。見た目や臭いに異常がなくても、河川の水や地下水にはもっと多くの成分、時には人間活動の影響によって有害物質が溶け込んでいるため、用水の際には浄化しなければなりません。

　私たちが使う水は、大きく分けると飲用と工業用があり、飲用の場合、水道法や食品衛生法に定められた基準を満たす必要があります。一般に行われている水の浄化処理を図5-17-1に示しました。

●水道水

　近年、健康に対する関心の高まりとともに水道水の品質向上を求める声も大きくなり、高度浄水施設を備えた水道事業者が増えています。『高度』というのは、通常の塩素による有機物の分解のかわりに、『オゾン＋活性炭処理』をすることです。さらに、半透膜と呼ばれる膜に50気圧程度の圧力をかけて水を通すことにより不純物を除去する方法もあります（逆浸透法：図5-17-2）。近年、膜の性能が向上し、小規模の設備であっても上質の水道水が得られるようになりました。家庭用浄水器にもこの方法を使った製品があります。

図5-17-1　水の浄化処理

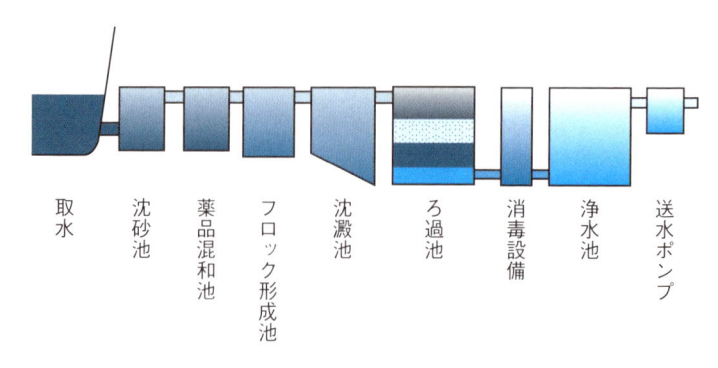

取水　沈砂池　薬品混和池　フロック形成池　沈澱池　ろ過池　消毒設備　浄水池　送水ポンプ

図5-17-2　逆浸透法

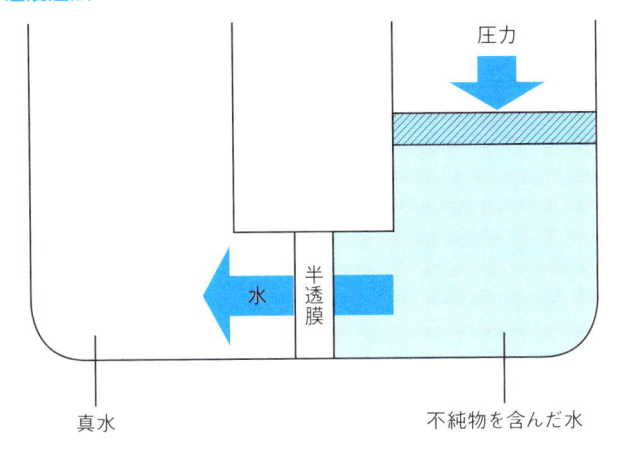

圧力

半透膜

水

真水　　　　不純物を含んだ水

●工業用水

　飲用ではないためそれほど厳しい基準はありません。通常の浄化処理のうち、殺菌工程をなくして給水されることが多いようです。用途としては、装置の冷却、蒸気タービン、水洗トイレなどです。工業用水の特徴は、使用済みの水を回収して再利用される割合が高いことです。

　一方、ハイテク産業で使われている水は超純水や超超純水などと呼ばれ、限界に近い状態にまで水の純度が高められています。ここでも膜による浄化が行われています。超純水に含まれる不純物の濃度は1ppt（＝1兆分の1、＝1トンの水に1マイクログラムの不純物が含まれる）程度で、水でありながら電気もほとんど通しません。電子部品などの洗浄、標準溶液の調製などに使われます。超純水と呼ぶための明確な基準はありませんが、無機物や有機物だけでなく酸素や窒素などの溶存気体も可能な限り除去されています。

●排水もきれいに

　工場や生活排水には窒素やリンの化合物が多く溶け込んでおり、悪臭や湖沼・海での赤潮の発生につながります。そのため、排水処理施設には微生物を使ってこれらの化合物を除去する工程があります。その後、上水道施設と同様の処理をして川や海へ戻しています。

5-18 PCB とダイオキシン

●物性

　PCB（polychlorinated biphenyl：ポリ塩化ビフェニル）とダイオキシン（dioxin）は、どちらも発ガンなどの健康被害をもたらす物質として注目され、現在でもその被害は続いています。これらの物質は芳香環と言われる特別な構造があることと塩素原子がたくさん付いていることが特徴で、これらの名前はそれぞれの総称として使われています。PCB は透明で粘性のある液体、ダイオキシンは白い固体です。

●健康被害

　PCB は、熱的に安定で電気をほとんど通さない性質があることから、大型のコンデンサーやトランス（変圧器）内の絶縁物質として、また熱交換器の熱媒体として使われてきました。日本では、カネミ油事件を契機に人体に対する健康被害が確認された後、法律によって製造および使用が禁止され、さらに速やかに分解処理することが義務付けられました。

　ところが PCB は、蛍光灯など小型の照明器具にも使用されており、危険性を認識されないまま安易に廃棄されることがあるため、今でも土壌や水質汚染を招いています。

　一方、ダイオキシンは、ある目的のために作られた物質ではなく、ごみの

図5-18-1　PCB（左）と代表的なダイオキシン（右）の構造

X＝H または Cl

焼却時や薬品を作る際の副産物として生成します。ダイオキシンに関しては、ベトナム戦争中にアメリカ軍が散布した枯葉剤に不純物としてダイオキシンが含まれており、その枯葉剤を浴びた母親から生まれた子供の多くに奇形が見られたという報告があります。

アメリカ環境保護庁が2012年2月に発表した資料によると、ダイオキシンは発ガンだけでなく、不妊、発達障害、免疫力低下などを引き起こす原因物質であると書かれています。

●分解・無害化

これまで、PCBやダイオキシンの分解処理は、1200℃以上の高温で焼却するのが一般的でした。ところが、施設維持やエネルギー消費の問題に加え、排ガスに別の有害物質が含まれる可能性が指摘されたため、新しい処理技術が研究されてきました。

ここでは、PCBを例に、光と微生物のはたらきを組み合わせた処理法を紹介します。この方法を使えば、高温などの厳しい反応条件がなくても、PCBをほぼ100％分解できます。

まず、PCBを含んだアルコール溶液に紫外線を照射し、PCBから塩素原子を脱離させます。図5-18-1（左）で示すと、Xのところをできるだけたくさんの H（水素原子）に置き換えるのです。脱離した塩素原子は、塩化ナトリウムとして分離されます。

次に、PCB分解菌と呼ばれる微生物が作り出す酵素を使い、塩素原子がなくなったPCB（＝ビフェニルという）を水と二酸化炭素にまで分解します。一般に酵素は、反応する相手を厳しく選びますが、この酵素のいいところは、ビフェニル環に数個程度の塩素原子が残っていてもビフェニルと同じように分解してくれることです。このような臨機応変さは、機械やコンピューターにはありません。改めて自然界の不思議さと偉大さを感じる場面です。

5-19 大気汚染対策

　大気汚染は、その性状から粒子状物質（Particulate Matter：PM）とガス状物質に分類できます。また、発生場所を見ると工場や発電所などの固定発生源と車や飛行機などの移動発生源があります。

　大気汚染で問題となるPMは、直径が10μm以下のもので、ディーゼルエンジンの排ガス（以下、排ガス）中に含まれるスス（主成分は炭素）や中国から飛来する黄砂などがあります。

　PMは、呼吸器系や目などに被害を及ぼすのに加え、PMに付着した花粉などによってアレルギー症状が悪化することも知られています。

●粒子状物質

　PMによる被害は、フィルターや静電吸着などによって粒子そのものを除去すれば防止でき、すでに、固定発生源の煙突には除去装置が取り付けられています。ところが、移動発生源からのPMを除去するのは大変です。PMは燃料の不完全燃焼によって生じますが、完全燃焼させようとすると、別の大気汚染物質である窒素酸化物（N_2O、NO、NO_2など：NOx）が増えてしまいます。また、PMをフィルターで除去するとフィルターが目詰まりするため、部品交換あるいはフィルターの再生処理が必要になります。

　現在、エンジン内部の温度管理や燃料の噴射方式などを工夫し、NOxもPMもできるだけ出さないエンジンの開発が進められています。さらに、排ガス処理については、フィルター方式に代わり、セラミックスを層状に重ねた空隙に排ガスを通し、電気化学的に処理するという新しい方式が考案されています（図5-19-1）。この方式では、NOxを窒素に還元し、そのとき出てきた酸素をPMの酸化に使います。これが実用化されれば、NOxとPMを同時に除去でき、かつ、再生処理不要の排ガス処理装置ができます。

●ガス状物質

　一方、ガス状物質の場合、先に出てきたNOxのほか硫黄酸化物（SO_2お

図5-19-1　新しい排気ガス処理

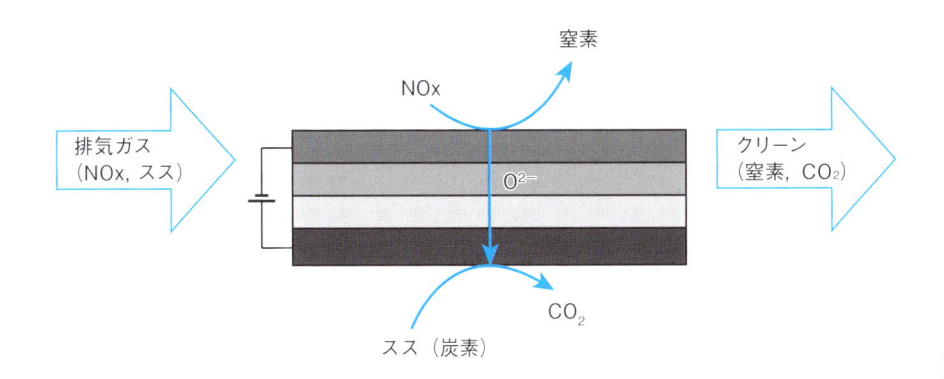

排気ガス（NOx, スス）→ クリーン（窒素, CO_2）

NOx → 窒素
O^{2-}
ススス（炭素）→ CO_2

およびSO$_3$：SOx）があります。NOxやSOxは、主に化石燃料を燃やすことによって発生するガスで、ともに酸性雨の原因になります。また、NOxと有機物が共存しているところに太陽光（紫外線）が当たると、光化学スモッグの原因物質が生成し、粘膜を刺激するなど健康被害が起こります。

　NOxは化学反応により無害な窒素と水に分解します。SOxはアルカリ性の水溶液に吸収させて除去することもできますが、燃焼前に燃料から硫黄分を取り除くことで、発生そのものを抑えることができます。よく知られているのが水素化脱硫です。燃料中の硫黄分を水素と反応させて硫化水素に変換し燃料から分離します。脱硫処理は、環境保全に役立つばかりでなく、燃料の変質を抑え長期保存も可能にします。

　地球レベルで考えると、人口増加や生活水準の向上に伴い、大気汚染物質はこれからも増え続けると思われます。一方、汚染物質をできるだけ出さない機器の開発や、汚染物質を効率よく安全に分解できる技術の研究も続けられています。もちろん、これらの技術に頼るだけでなく、私たち一人一人が生活スタイルを見直し、大気汚染物質を出さないようにする心がけも重要です。

5-20 エコカーのしくみ
―電気自動車・ハイブリッドカー―

　どのような性能を持っていればエコカーと呼べるかという明確な基準はありません。もしあったとしても、技術の進歩とともにその基準は変わっていくでしょう。たとえ技術的に未完成でも、新しい技術を使って現行と同等以上のエネルギー効率を持つ車ができればエコカーと呼んでいいと思います。本節では、一般にエコカーと呼ばれている電気自動車とハイブリッドカーについて説明します。

●電気自動車

　電気自動車は、動力源としてモーターのみを持つ車で、発進や停止を繰り返す市街地での走行に適しています。バッテリーを搭載しているものと、水素を燃料とする燃料電池を使って、発電しながら走るものがあります。

　エンジンと比べると、モーターの安定したエネルギー効率に加え、『回生ブレーキ』という運動エネルギーを電気エネルギーに変えてバッテリーに充電するしくみも持っています。

　意外と知られていませんが、モーターは一台二役です。モーターに電気を通すと軸が回転し、逆にモーターの軸を回転させると発電機になります。このように、電気自動車ではモーターを介して『電気エネルギー』と『運動エネルギー』のやりとりをして、できるだけエネルギーをロスしないようにしています。

　しかし、現在のガソリンスタンドに相当する充電スタンドや水素スタンドが整備されていなかったり、エアコンやランプ類などの電装品を使うと走行距離が極端に短くなるという問題があります。そこで、リチウムという元素を使い、軽量で充電量が多いバッテリーを作る研究が進められています。また、燃料電池については、白金など高価な金属を使わずに効率よく発電できる方法や燃料電池の劣化を抑える方法などについて研究が続けられています。

表5-20-1　ガソリン車とエコカーの比較

車の種類	燃料	動力	排気ガス	部品コスト	走行コスト	騒音	価格
ガソリン車	ガソリン	エンジン	水、二酸化炭素、一酸化炭素、窒素酸化物、炭化水素、スス	冷却水、エアーフィルター、オイル交換など	○	×	◎
電気自動車（バッテリー）	電気	モーター	無し	バッテリー交換	?（*1）	◎	△
電気自動車（燃料電池）	水素	モーター	水	?（*1）	?（*1）	◎	×
ハイブリッドカー	ガソリン電気	エンジンモーター	水、二酸化炭素、一酸化炭素、窒素酸化物、炭化水素、スス	ガソリン車と電気自動車の両方	◎	△	○

（*1）ほとんど普及していないので詳細は不明。

●ハイブリッドカー

　ハイブリッドカーは、動力源としてエンジンとモーターの両方を持っています。ただし、これらを半分ずつ使うのではありません。走行状況に応じてエネルギー効率が最大になるよう、コンピューターがエンジンとモーターの使用割合を調節しています。例えば、発進や加速時はモーターの割合が多くなり、高速道路などで定速走行する場合はエンジンの割合が多くなります。なお、ハイブリッドカーにも回生ブレーキがあります。

　表に、それぞれの車の特徴をまとめました。今のところ、電気は主に火力発電所で作られており、また、水素は天然ガスやナフサから作られていますので、電気自動車が普及しても石油資源の節約にはなりません。将来、電気や水素が太陽光などの自然エネルギーから安価に作られるようになれば、電気自動車が活躍することになるでしょう。

5-21 期待される次世代エネルギー

　私たちは日々、食料も含めて様々なエネルギーを消費しながら生活しています。そのエネルギーの元をたどってみると、原子力発電所で使われているウランを除きすべて太陽に行き着きます。太古の時代に動植物が堆積してできたと考えられている石油などの化石燃料は、長い年月をかけて蓄えてきた太陽エネルギーの貯金と言えます。今世紀末には世界の人口が100億人を超えるという予想もあり、人口増加と生活水準の向上により、私たちはこの貯金を食いつぶそうとしています。そこで、日本をはじめ世界各国で次世代エネルギー（＝化石燃料を使わずに電気や熱などを得る技術）の研究が急ピッチで進められているのです。

●再生可能エネルギーの利用

　再生可能エネルギーとは、私たちが生活している中で、無くなる心配をしなくてもいいエネルギーのことです。例えば、太陽光、風力、地熱、波、潮流などです。資源のない日本は、これらの再生可能エネルギーをうまく利用する技術を積み重ねてきました。個々の詳細については割愛しますが、私たちは日々、気付かないうちに世界トップレベルの技術の恩恵を受けています。ここではさらに、最近注目されている新しい次世代エネルギー技術を2つ紹介します。

●宇宙太陽光発電

　太陽電池は、昼間しか発電できないことや発電量が天候に左右されるといった問題があるため、火力発電所や原子力発電所のように安定した電力供給はできません。そこで考えられたのが、人工衛星を打ち上げて宇宙で発電することです。発電規模は、衛星一つで原子力発電所一基分です。宇宙から電気を地上へ送るには、次の2つが有望視されています。

　(1)マイクロ波を使った送電
　地上で使っている太陽電池と同じものを宇宙へ持って行き、宇宙で発電し

図5-21-1　宇宙太陽光発電のイメージ

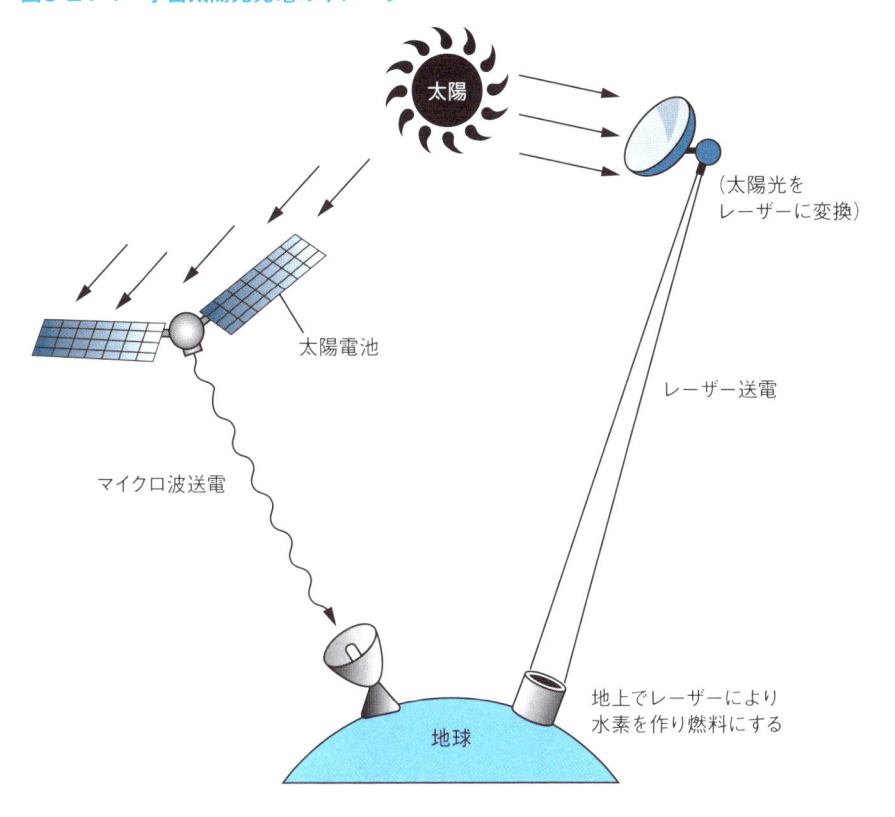

た電気をマイクロ波に変換して地上に送ります。地上では、「レクテナ」と呼ばれる整流器付きアンテナで受信し直流電力を取り出します。

(2)レーザーを使った送電

地上で使っている太陽電池とは異なり、太陽光を受けるとレーザーを出す素子を使い、太陽エネルギーをレーザー光として地上に送ります。地上では、レーザー光が持つエネルギーで蒸気タービンを回して発電したり、化学反応によって水素を製造することが考えられています。

地上では既に、マイクロ波を使って離島や航空機などへ電力を供給する実験に成功しています。しかし実用化するためには、費用のほか、衛星の姿勢制御の技術や宇宙からエネルギーを送る際の生体への影響の確認など、共通の課題も残っています。

表5-21-1 それぞれの送電方式の特徴

送電方式	長　　所	短　　所
マイクロ波	既存の太陽電池の技術を利用できる	送信方向を制御するのが難しい
レーザー光	構造が簡単で小型化が可能	雲など大気中の水分によってエネルギーが吸収される

●微生物燃料電池

　燃料電池は、水素という危険な物質を扱うため、まだまだ一般には普及していません。そこで近年、ビタミンCやブドウ糖などを使う安全性の高い燃料電池が次々に提案されています。中でも、微生物を使った燃料電池はここ数年で飛躍的に研究が進み、発電効率も改善されてきています。

　微生物燃料電池では、電流生成菌と呼ばれる特殊な細菌を使います。この細菌は、エサを食べる際、電子を外部に放出する性質があり、細菌が捨てた電子を人間が電気として利用するのです。燃料となる物質は、この細菌が食べるものであれば何でもよく、排水処理場に設置すれば、排水浄化・廃棄物減少・発電と、一挙三得になります。

　地球という限られた空間に、これからも多くの人々が生活を続けます。この先人類は、科学と技術を駆使し、太陽の恵みを、また、地球の資源をできるだけ効率よく使わなければなりません。

　思い起こせば、日本ではほんの150年前まで、人々は化石燃料を一切使わずに生活していました。このことを思えば、これからエネルギーを『どう使うか』ではなく『どうすれば使わなくてもいいか』という基準で発想することも重要かも知れません。この機会に是非、エネルギーの使い方について考えを巡らせて欲しいと思います。

用語索引

英字

AE 剤	163
Bt タンパク質	136
Bt トウモロコシ	135
CAS 工法	171
E3	184
ETFE	80
FEP	80
FRP	92
GLP 制度	140
HACCP	110
HAP	146
HDPE	69
HEMA	148
ISO22000	110
LDPE	69
P3	212
PCB	216
PET	69
PFA	80
PM	218
PP	69
PS	69
PTFE	80
PVC	69
SR-71	48

ア行

亜鉛	19
アクリル	72
アクリル樹脂	67
アスパルテーム	129
アスベスト	170
アセテート	70
アマルガム	26
アルミニウム	19
アンチモン	55
イノシン酸	131
インジウム	55
隕鉄	12
ウェーバー・フェヒナーの法則	154
宇宙太陽光発電	222
栄養機能食品	134
エコカー	221
エコ素材	206
エチルベンゼン	169
エチレン	62
エチレングリコール	64
エレクトロセラミックス	96
塩化アルキルトリメチルアンモニウム	153
塩化ビニル樹脂	67
オーステナイト系	37
オートクレープ	211
オゾン	203

カ行

カーボンニュートラル	184
開環重合	64
害虫抵抗性作物	135
界面活性剤	152, 156
化学的消臭法	155
化学電池	186
化学めっき	25
架橋構造	86
可採年数	182
硬さ	74
カルシウムは何色	16
カロザース	70, 73
還元	32
カンスイ	130
乾燥方法	121
乾電池	19
顔料	164
貴金属	18
キシリトール	129
キシレン	169

226

逆浸透法	215
共重合	64
金	20, 49
金価格	49
金属消費量	28, 29
金属特徴	14
金属発見	14
グアニル酸	131
クラッキング	91
グラファイト	93
グリセリン	114
グルタミン酸	131
クロム	55
クロルピリホス	169
クロロプレン	73
軽金属	18
ケミカルリサイクル	200
ケロジェン	88
ケロシン	174
減圧蒸留	174
減水剤	162
元素	14
原油価格	181
硬貨	23
光化学反応	86
高吸水性分子	82
抗菌	110
光合成	106
高高度偵察機	48
合成繊維	70
高炭素鋼	35
高分子	62
高分子の構造	84
コークス	32
コチニール	130
コポリマー	64
ゴム	74
コンバインドサイクル発電方式	177

サ行

サーマルリサイクル	201
材料の硬さ	74
鎖状分子構造	66
サス	37
殺菌	110
酸化被膜	48
産業のビタミン	55
酸性紙	103
三大合成繊維	70
三大素材	62
シックハウス	168
脂肪	113
脂肪酸	113
周期表	14
重金属	18
重合体	63
重油	174
縮合重合	63
ジュラルミン2017	43
ジュラルミン2024	43
ジュラルミン7075	43
消臭法	155
消毒	110
除菌	110
食中毒	109
植物工場	107
植物の必須元素	141
シリカ	98
シリコーン	77
シリコーンゴム	76
シリコーンハイドロゲル	148
シリコン	77
水酸化アルミニウム	167
水蒸気改質	193
水道水	214
スーパーアロイ	23
スクロース	111
スチレン	169
スチレン・ブタジエンゴム	75
スチロール樹脂	67
ステンレス鋼	22, 38
スラグ	32
静菌	110
製鋼	32
製鉄	32

227

青銅器	12
生物的消臭法	155
生分解性プラスチック	207
精錬	28
石英ガラス	98
石炭	178
石油の成因	88
セッケン	152
セルロース	100
繊維強化プラスチック	92
線状高分子	74
洗浄剤	158
銑鉄	32
染料	164
ソーダ石灰ガラス	98
粗銅	39

タ行

ダイオキシン	216
大気汚染	218
代替フロン	204
ダイレクトメタノール燃料電池	193
ダクタイル鋳鉄	34
多糖類	112
炭酸カルシウム	103
炭素鋼	34
タンタル	55
単糖	111
単量体	63
地殻構成元素	14, 16
チクル	130
チタン	20
チムニー	30
抽出	123
中性脂肪	113
中炭素鋼	35
鋳鉄	34
超々ジュラルミン	43
超ジュラルミン	43
超純水	158
超新星爆発	31
超臨界抽出	124

低炭素鋼	35
鉄	18
鉄器	12
テレフタル酸	64
電解質	188
電気伝導率	52
電気めっき	24
天然ガス	176
銅	18
凍結乾燥	122
東大寺	26
銅の電解精錬	39
ドープ	53
特殊鋼	35
特別栽培農産物	139
都市鉱山	57
トナー顔料	165
トルエン	169

ナ行

ナイロン	67, 72
ナフサ	174
鉛	20
鉛ガラス	98
難燃剤	166
にがり	127
二次電池	186
ニッケル	20, 55
二糖類	111
日本酒	120
乳化	151
乳酸菌	120
熱可塑性樹脂	66
熱硬化性樹脂	66
熱水鉱床	30
燃料電池	190
農薬分類	138
ノッキング	91

ハ行

バイオエタノール	184

用語索引

バイオオーグメンテーション……………209
バイオスティミュレーション……………209
バイオハザード……………………………211
バイオマス…………………………………184
バイオレメディエーション………………208
ハイブリッドカー…………………………221
バイヤー法……………………………………41
鋼………………………………………………18
白金触媒………………………………………51
パラジウム……………………………………55
パラジクロロベンゼン……………………169
バリウム………………………………………55
ヒートポンプ………………………………194
光触媒………………………………………196
卑金属…………………………………………18
比重選別……………………………………199
ビタミン……………………………………118
必須アミノ酸………………………………115
引っ張り強度…………………………………92
非鉄金属………………………………………17
ヒドロキシアパタイト……………………146
ヒドロキシエチルメタクリレート………148
ビニロン………………………………………73
氷晶石…………………………………………41
ピレスロイド系……………………………160
ファイトレメディエーション……………209
ファインセラミックス………………………94
フェノール樹脂………………………………67
フェライト系…………………………………37
付加重合………………………………………63
フタル酸 -n- ブチル………………………169
ブチルゴム……………………………………76
フッ素…………………………………………79
フッ素ゴム……………………………………76
フッ素樹脂……………………………………80
物理電池……………………………………189
プラスチック……………………………65, 67
プラスチック材質表示………………………68
プリーツ………………………………………71
プロテイン…………………………………115
プロピレングリコール……………………150
フロン………………………………………202
分子インプリント…………………………149
噴霧乾燥……………………………………122
分留装置………………………………………89
ベイクアウト………………………………169
ベースメタル…………………………………27
ペプチド……………………………………115
ホウケイ酸ガラス……………………………98
ボーキサイト…………………………………41
ホール・エルー法……………………………41
保健機能食品………………………………133
ポリエステル…………………………………71
ポリエチレン…………………………………67
ポリエチレンテレフタラート…………64, 67
ポリ塩化ビニル………………………………67
ポリスチレン…………………………………67
ポリテトラフルオロエチレン………………79
ポリ乳酸……………………………………206
ポリプロピレン………………………………67
ポリマー………………………………………63
ホルムアルデヒド…………………………169

マ行

埋蔵量………………………………………182
マテリアルリサイクル……………………200
マルテンサイト系……………………………37
マルトース…………………………………111
マンガン………………………………………55
マンガンノジュール…………………………31
ミネラル……………………………………117
無機肥料……………………………………143
無電解めっき…………………………………25
目薬コンタクトレンズ……………………149
メタクリル樹脂………………………………67
メチルメタクリレート……………………148
滅菌…………………………………………110
メラミン樹脂…………………………………67
モノマー………………………………………63

ヤ行

焼き入れ………………………………………35
焼きなまし……………………………………35
焼きもどし……………………………………35

用語索引

冶金	30
ヤング率	74
有機高分子	65
有機農産物	139
有機肥料	143
油脂	113
ユリア樹脂	67
溶鉱炉	33
溶融めっき	25

ラ行

ラテックス	75
リグニン	100, 185
リサイクル	198
リチウム	55, 187
リチウム電池	188
立体網目構造	66
リフォーミング	91
硫酸アルミニウム	103
粒子状物質	218
リンス	152
レアアース	54
レアメタル	54, 56
レアメタルの偏在性	57
レーキ顔料	165
レーヨン	70
瀝青炭	178

■執筆者のご紹介■
(編著者)
●左巻健男（さまき たけお）
法政大学生命科学部環境応用化学科教授。東京大学教育学部付属中・高等学校教諭、京都工芸繊維大学教授、同志社女子大学教授などを経て現職。専門は理科教育（科学教育）、科学コミュニケーション。『理科の探検（RikaTan）』誌編集長、中学校理科教科書編集委員・執筆者（東京書籍）。著書は『面白くて眠れなくなる物理』『面白くて眠れなくなる化学』『面白くて眠れなくなる地学』『よくわかる元素図鑑』（共にPHP）、『新しい高校化学の教科書』（講談社ブルーバックス）、『大人のやりなおし中学化学』（ソフトバンククリエイティブ）、『知っておきたい　最新科学の基本用語』（技術評論社）などがある。
[著者から]：現在、人間・環境にやさしく持続可能な社会が目指されています。物質の反応を利用してものづくりをする場合、環境にやさしいものづくりのための化学を創造する考え方（グリーンケミストリ）が必須です。その観点をいつも意識して、ものづくりに関係していきましょう。

●長戸　基（ながと もとい）
関西大学初等部教諭。神戸大学発達科学部附属住吉小学校教諭、公立中学校教諭、兵庫教育大学附属小学校教諭などを経て現職。季刊「理科の探検」編集委員。主な著書は「もう一度中学理科」（2010、日本実業出版）共著、「小5・小6・中1・中2理科授業完全マニュアル」（2009〜2010、学研）共著など。座右の銘は「新手一生」（将棋の升田幸三名人）。理科の本質に迫るような教材の考案をめざし、日々努力しています。

●南　伸昌（みなみ のぶまさ）
宇都宮大学教育学部理科教育講座教授。科学技術振興機構研究員などを経て現職。専門は理科教育、表面科学。教育実習の改善にも携わる。主な著書（共著）は「図説　学力向上につながる理科の題材　物理編」（2006、東京法令）、「日常の化学事典」（2009、東京堂出版）、「授業に活かす！　理科教育法　小学校編／中学・高等学校編」（2009、東京書籍）など。
[著者から]：他人の受け売りではなく、自分なりに納得する。そういった手助けを本書ができれば幸いです。

●伊藤憲人（いとう のりひと）
1969年生まれ　名古屋大学農学部農芸化学科卒業　名城大学附属高等学校　理科教諭化学を通じて、科学リテラシーの育成をするかたわら、ブザンラーニングフェローとしてマインドマップの普及に努める。
　執筆活動としては、月刊「RikaTan（理科の探検）」編集委員、やさしくわかる化学実験事典（東京書籍）（分担執筆）よくわかる身のまわりの現象・物質の不思議（理科年表シリーズ　マイ　ファースト　サイエンス）（丸善出版）（共著）など。
[著者から]：化学は身のまわりに、あふれていて、不思議で、面白くて、時に危険なことも！　知らなくて騙されたり、危険な目に遭わないように、そして、周囲の人に「へ〜」と言われるように。この本を読んで、雑学を増やしていこう。

●安藤尚功（あんどう ひさのり）
独立行政法人産業技術総合研究所主任研究員。工学博士。専門はエネルギー関連材料の合成。科学教育や科学コミュニケーション活動にも従事し、科学リテラシー育成のために研究所の内外で精力的に活動中。(財)省エネルギーセンター「省エネルギー教室」運営検討委員会委員などを歴任。著書は「読んでなっとく化学の疑問」（技術評論社）など。
[著者から]：化学は分子の大きさで考える学問です。分子の形や動く様子を頭の中で想像してみて下さい。今まで見えなかった『何か』がきっと見えてきますよ。

●中薗克俊（なかぞの かつとし）
工業大学卒業後、塾講師、教材編集などを通して理科教育に関わる。
[著者から]：化学というフィルターを通して身の周りを見ると新しい発見や深い理解を得ることができるはずです。その一助ができたら幸いです。

●安居光國（やすい みつくに）
室蘭工業大学工学研究科くらしの環境系領域准教授。理学博士（大阪大学、生理学）。専門は微生物工学、生化学、工学教育。FD、高大連携、技術者倫理、キャリア教育など多様な活動をしている。科学、バイオ、化学教育では基本を重視しつつ、楽しさを感じてもらえるように工夫している。

●装　丁	中村友和（ROVARIS）
●作図＆DTP	株式会社キャップス

しくみ図解シリーズ
ものづくりの化学が一番わかる
2013年4月25日　初版　第1刷発行

編　著　者	左巻健男
発　行　者	片岡　巌
発　行　所	株式会社技術評論社
	東京都新宿区市谷左内町21-13
	電話
	03-3513-6150　販売促進部
	03-3267-2270　書籍編集部
印刷／製本	株式会社加藤文明社

定価はカバーに表示してあります

本書の一部または全部を著作権法の定める範囲を超え、無断で複写、複製、転載、テープ化、ファイル化することを禁じます。

©2013　左巻健男

造本には細心の注意を払っておりますが、万一、乱丁（ページの乱れ）や落丁（ページの抜け）がございましたら、小社販売促進部までお送りください。送料小社負担にてお取り替えいたします。

ISBN978-4-7741-5569-2　C3043

Printed in Japan

■ご注意
本書の内容に関するご質問は、下記の宛先までFAXか書面にてお願いいたします。お電話によるご質問および本書に記載されている内容以外のご質問にはいっさいお答えできません。あらかじめご了承ください。
〒162-0846
東京都新宿区市谷左内町21-13
㈱技術評論社　書籍編集部
「しくみ図解シリーズ」
FAX 03-3267-2271